ちくま新書

日本農業の真実

生源寺眞一
Shogenji Shinichi

902

日本農業の真実【目次】

第1章 逆走・迷走の農政 007

第2章 食料自給率で読み解く日本の食と農 027

第3章 誰が支える日本の農業 065

第1章

逆走・迷走の農政

†TPP問題

２０１０年11月11日、日本農業新聞の一面は「TPP断固阻止」「地域つぶすな」の大文字の見出しとともに、前日に都心の日比谷野外音楽堂で開催された緊急全国集会の模様を伝えた。３面には「政府の横暴許さぬ」「農家怒り頂点」の見出しがおどり、集会に参加した各地の農家の声を紹介している。

「輸入農産物の安さに国産は太刀打ちできない。農業を壊滅させてはならない」（宮城県のコメ農家）

「貿易を自由化して、畜産農家は生き残れるのか」「（口蹄疫からの）復興に向けた農家の努力を水の泡にしてはならない」（宮崎県の畜産農家）

「（米価低迷が問題で）今はTPPを検討している場合ではない」「来年度以降の戸別所得補償制度など、農業政策の財源をどう確保するのか議論すべきだ」（島根県のコメ農家）

ＴＰＰとはTrans-Pacific Partnership Agreementの略語で、環太平洋連携協定と訳されている。菅直人首相が10月1日の所信表明演説で、ＴＰＰ締結交渉への参加を検討すると表明したことから、農業団体の猛反発が噴出したかたちである。少々ややこしいのは、同じ略語のＴＰＰで表される連携協定に、Trans-Pacific Strategic Economic Partnership Agreementという名称の協定が存在することである。日本語訳は環太平洋戦略的経済連携協定。

こちらの長い日本語訳のＴＰＰはすでに締結されている。ブルネイ、チリ、ニュージーランド、シンガポールの４カ国が参加する自由貿易協定で、２００６年5月に発効した（ＴＰＰ４と呼ぼう）。原則として全品目の関税について即時または段階的に撤廃する点に際立った特徴がある。貿易の自由化だけではない。知的財産や人の移動などの領域に及ぶ包括的な協定でもある。もっとも、四つの締結国の経済の規模はいずれも小さいことから、また、日本とは直接関係しない協定だったこともあって、過去に国内のニュースで報じられることはほとんどなかった。

一方、農業団体が猛反発しているＴＰＰは、ＴＰＰ４の拡大版という性格を持つ（こちらを拡大ＴＰＰと呼ぼう）。拡大ＴＰＰの交渉はＴＰＰ４の締結国にアメリカ、豪州、ペルー、ベトナムが加わった8カ国でスタートした。2010年の3月のことである。TPP4のメンバーに世界最大の経済国のアメリカが加わり、一大農業国の豪州も参加したことで、拡大TPPは一挙に影響力を増すことになった。同年10月にはマレーシアも交渉会合に参加し、2010年末の時点でカナダとコロンビアの参加の意向も報じられている。

いかにも唐突であった。菅首相の所信表明演説のことである。たしかに、いま述べたように拡大TPPの動きが進んでいたことは事実である。また、アメリカの交渉参加について言うならば、オバマ大統領が2009年11月に訪日した際の演説の中で言及していた。だから、拡大TPPそのものは突然浮上したわけではない。けれども、日本の大多数の人々にとって、TPPは初耳だったはずである。

これまでにも、さまざまなかたちの貿易自由化の流れが報じられてきた。地域的な協定としてはASEAN(東南アジア諸国連合)+3(日本、中国、韓国)やASEAN+6(日本、中国、韓国、インド、豪州、ニュージーランド)の議論が進行中である。ASEANとはアルファベット順で、ブルネイ、カンボジア、インドネシア、ラオス、マレーシア、ミャンマー、フィリピン、シンガポール、タイ、ベトナムの10カ国。また、二国間の協定についても、韓国、豪州、インドなどとのあいだで交渉が続いている。一方、このところ停滞気味であるとはいえ、WTO(世界貿易機関)を舞台とする多角的貿易交渉、いわゆるドーハ・ラウンドも続行中である。そこへ来て、それまでまったくと言ってよいほど報じられたことがないＴＰＰが突如として浮上した。農業関係者は、当初は反発するどころか、そもそも理解不能な三文字の登場に面食らった状態だった。

†農業団体と経済界の対立

戸惑いと反発の農業団体とは対照的だったのが経済界である。菅首相の所信表明演説に対して歓迎の声が上がった。また、経済界の関係者にとっては、ＴＰＰの浮上は必ずしも唐突なできごとではなかった。発足後間もない菅政権のもとで２０１０年6月18日に閣議決定された「新成長戦略」には、「関税などの貿易上の措置や非関税措置（投資規制、国際的な人の移動に関する制限等を含む）の見直しなど、質の高い経済連携を加速する」と述べられており、アジア太平洋を広くカバーするＦＴＡＡＰ（アジア太平洋自由貿易圏）の構築にリーダーシップを発揮という趣旨の表現も盛り込まれていたからだ。ＴＰＰという具体的な協定には言及していないものの、政府が質の高い経済連携の追求に本腰を入れる姿勢を読み取ることができる。むろん、成長戦略は今日の経済界にとって最大の関心事であると言ってよい。

経済界の歓迎の声は、反発を強める農業団体との対立の構図へとつながっていく。もともと、2008年秋のリーマンショック後の長引く不況に喘いでいた経済界である。おまけに、お隣の韓国が急ピッチで市場開放路線を突き進んでいる。事実、2011年7月に発効するEU（欧州連合）との自由貿易協定に続いて、2010年12月にはアメリカとの自由貿易協定で合意に達した。EUとアメリカのGDPを合わせると世界の53％。長引く不況に加えて、ライバル韓国の台頭に焦燥感がピークに達していた経済界は、菅首相の所信表明演説に拍手を送ることになる。

これに対して、農業団体は政府と政府を後押しする経済界への対決姿勢を鮮明にした。冒頭に引用した日本農業新聞の記事は、「財界の横暴に負けるな」といった怒りの声を伝えている。もっとも新聞の論調に関して言えば、少なくとも全国紙を見る限り、農業団体側の劣勢は否めないようだ。2010年11月9日の「包括的経済連携に関する基本方針」の閣議決定を受けて、翌日の朝刊の多くはTPP問題を取りあげた。三社が社説を掲げている。「『平成の開国』は待ったなしだ」（読売新聞）、「政治主導の正念場だ」（毎日新聞）、「TPP参加へ人材鎖国や規制も見直せ」（日本経済新聞）。社説ではないが、産経新聞も一面に「『開国』問われる覚悟」の見出しの記事を掲載した。各紙ともTPPを後押しするスタンスを打ち出しており、全体にボルテージの高さが目立つ。

また、少し日付はさかのぼるが、今回のTPPをめぐる議論で日本農業新聞の対極に位置する日本経済新聞は、11月1日朝刊の「核心」欄で論説委員長が論陣を張った。農業団体と近年の農政に対する厳しい批判が展開されている。なかでも目を引いたのは、農業団体の反発について、「パブロフの犬」のようだと言い放った一文。日経新聞にしては品位を欠いているとしか言いようがないが、それだけ農業・農政に対する厳しい目があることも事実だ。

†農業政策の逆走・迷走

農業団体と経済界の対立が激化し、冷静な議論が危ぶまれる状況が生じている背景として、近年の農政が深刻な逆走・迷走状態に陥っていることも指摘しておく必要がある。

2010年3月30日、政府は「食料・農業・農村基本計画」を閣議決定した。基本計画は1999年に施行された食料・農業・農村基本法にもとづいて、おおむね5年ごとに定めることとされている。2000年、05年に続く今回の計画は民主党政権下の基本計画とあって、前2回とは大きく様変わりした。自民党主軸の政権のもとで策定された基本計画との違いを象徴するのは、次の一文であろう。

「農業生産のコスト割れを防ぎ、兼業農家や小規模経営を含む意欲あるすべての農業者が将来にわたって農業を継続し、経営発展に取り組むことができる環境を整備する」

ここで言う環境整備の骨格となる政策が戸別所得補償である。2007年夏の参院選のマニフェストに登場して以来、戸別所得補償制度は民主党の農業政策の代名詞となった感がある。自公政権下の農業改革路線を選別政策、切り捨て政策だとして批判してきた民主党は、アンチテーゼとして小規模農家や兼業農家の存続を前面に打ち出してきた。基本計画の記述も同じライン上にある。

食料自給率の目標の策定も、食料・農業・農村基本法に定められた基本計画の重要な仕事である。善し悪しの評価は別として、食料自給率目標についても民主党色が際立っていたのが2010年の基本計画であった。供給熱量ベースで現状が40%程度であるのに対して、10年後には50%に引き上げるとしたからである。前2回の基本計画が、やはり現状の40%を前提に、10年後の目標を45%としていたのとは対照的である。

たった5%の違いと見る向きもあろうが、45%でも達成は容易でない。事実、目標を掲げていたにもかかわらず、過去10年間の自給率は40%前後で横ばいの状態が続いている。むしろ、目標を掲げてさまざまな取り組みを行ったことで、何とか横ばい状態を維持してきたと言うべきかもしれない。そうした実態もあってか、50％がずいぶん高い目標であることは、当の基本計画自身が認めている。「国際情勢、農業・農村の状況、課題克服のための関係者の最大限の努力を前提として、我が国の持てる資源をすべて投入した時にはじめて可能となる高い目標」と述べているのである。

民主党の農政は、兼業農家や小規模農家の継続を謳った制度の新設や高い食料自給率目標の設定に端的に表れているように、国内農業保護のスタンスを強めるものであった。ところが、基本計画から半年後の10月1日の所信表明演説では、拡大ＴＰＰへの前向きの姿勢が表明され、11月9日に閣議決定された「包括的経済連携に関する基本方針」には、農政の方向転換を強く示唆する次の一文が盛り込まれた。

「（農業は）農業従事者の高齢化、後継者難、低収益性等を踏まえれば、将来に向けてその持続的な存続が危ぶまれる状況にあり、競争力向上や海外における需要拡大等我が国農業の潜在力を引き出す大胆な政策対応が不可欠である」

たとえて言えば、持ち上げられるだけ持ち上げられたあげくに、いきなりハシゴを外されたといったところだろうか。農業団体にしてみれば、そんな感覚でもって拡大ＴＰＰ問題の急浮上を受け止めたに違いない。貿易の自由化の流れに対して農業団体が抵抗の姿勢を示すこと自体は、影響を強く受ける産業部門の態度としていわば自然なことである。けれども同時に、直近の農政をめぐる民主党の大きなブレが、反発のボルテージを必要以上に高めたことは否定できない。冷静な議論が困難な状況を生み出した責任は重い。

†農政に戸惑う経済界

経済界の反応も、農政の逆走・迷走ぶりと無関係とは言えないようである。筆者の印象だが、つい最近までの経済界は、農業と農政に比較的好意的な姿勢で接してきたように思う。私自身に経済界との接点はそれほど多くはないが、たまに出席する経済界の勉強会でのやりとりや、個人的なコミュニケーションを通じて、そんな感触を得ていたことも事実である。

こんな印象があながち的外れなものではないことは、日本経団連の近年の提言のトーンからもわかる。例えば2008年5月に公表された「自立した広域経済圏の形成に向けた提言」には、次のような一文がある。農業・農政に対する応援のメッセージだと言ってよい。

「わが国農業の深刻な状況に対し、産業界としても大きな関心と懸念を持っており、産業界による農業界との協力・連携の強化を通して、農業界の取り組む国内農業の体質強化に向けた改革努力を強力に支援していくことが産業界としての重要な役割だと考えている」

2009年3月に公表された「わが国の総合的な食料供給力強化に向けた提言」にも、農業・農政をバックアップするスタンスが滲み出ていた。提言の節ごとのタイトルを眺めてみると、「国内の農業構造改革の進展とWTO・EPA交渉の一層の推進」を掲げる一方で、「多様な担い手による農地の有効利用の促進」「担い手の経営面積の大規模化と農地集約への支援」「農商工連携制度の拡充」「高品質な農産物・加工品の輸出促進」などとあり、自公政権のもとにあった当時の農政の方向をバックアップする提言であった。もっとも、このころすでに農政の逆走・迷走は始まっていたと見ることもできる。この点は第2章以下で順次明らかにされることになる。

自公から民主への政権交代で農政は変わった。先ほども述べたように、小規模農家維持を謳った制度の新設や高い食料自給率目標の設定が民主党農政のシンボルとなった。政権交代前の農政に好意的な姿勢を示していた経済界が、このような路線の転換に対して少なからず失望感を抱いていたとしても不思議ではない。そこへ来て拡大TPPへの前向きの姿勢の表明があり、再度の農政の方向転換である。歓迎ムードの経済界ではあるが、関係者は複雑な気持ちでもって農政の迷走ぶりを眺めているに違いない。

†ウルグアイ・ラウンドに何を学ぶか

ここで時の流れを逆転し、17年前にタイムスリップすることにしよう。いま筆者の手元にあるのは、1993年の日本農業新聞。奇しくも11月11日の紙面、つまり冒頭に引用した記事と同じ日付の紙面である。一面の大きな見出しは「関税化拒否に国民総決起」とある。記事は前日に国技館で開催された「関税化拒否・米市場開放阻止国民総決起大会」の模様を伝えている。「例外なき関税化、米自給体制の再構築などの大会宣言を決議、頑張ろう三唱では会場が揺れるほどの熱気がみなぎった」とある。

1993年は、ウルグアイ・ラウンドと呼ばれたGATT（関税および貿易に関する一般協定）の多角的貿易交渉が事実上決着をみた年である。南米ウルグアイの保養地プンタ・デル・エステで交渉開始が宣言されたのが1986年9月。実に7年半にわたる長丁場の末の妥結であった。決着直後の12月14日には、当時の細川首相が未明の記者会見に臨んだ。会見では、日本は例外措置のもとで、米の関税化を行わないことが表明された。筆者も、首相が「おコメ、おコメ」を連発していた会見の様子をよく覚えている。そう言えば、視聴者からは透明に見えるボードで、そこに印字された原稿を読むための機器が用いられていた。プロンプターというそうだ。そんな記者会見の様子をご記憶の読者もおられるのではないか。

GATTとは、文字どおりには1947年に締結された協定のことを意味し、実質的には国際機関として機能していた。ウルグアイ・ラウンドを含めて8回の交渉が行われ、5回目以降は提唱者や開催地の名前をとって、○○ラウンドと呼び慣わされてきた。また、ウルグアイ・ラウンドの合意を受けて、GATTは正式の国際機関であるWTOに移行し、2001年にはWTOのもとでドーハ・ラウンドがスタートした。ドーハは中東のカタールの都市である。なお、現在も継続中の今回の交渉の正式名称はドーハ開発アジェンダであるが、これまでと同様にドーハ・ラウンドと呼ばれることが多い。

ウルグアイ・ラウンドでは、さまざまな分野について交渉が行われたが、なかでも最大の焦点は農産物の貿易問題であった。大詰めを迎えた段階で、農産物の輸出補助金の削減や生産刺激的な国内政策の削減が議論されるとともに、しばしば完全なシャットアウト装置として機能していた各国の農産物の輸入数量制限を、関税による保護措置に置き換えたうえで、関税率を次第に引き下げていく方向が模索されていた。結果的にウルグアイ・ラウンド農業交渉はこれら三つの領域で合意されたわけだが、1993年11月11日の日本農業新聞が大きな見出しとともに伝えているのは、まさに最終段階で関税化の拒否を主張した総決起集会であった。

細川首相が会見で述べたように、多くの品目の関税化を受け入れるなかで、コメについては例外として関税化は行われないことになった。ただし、日本のコメの例外扱いは小さいとは言えない代償措置を伴っていた。首相も会見でさらりと触れていたが、例外扱いの見返りとして、加重されたミニマムアクセスのかたちでコメの輸入が義務づけられることになった。すなわち、輸入が国内消費量の3％に満たない品目については、どの国も一定量の輸入機会の提供、つまりミニマムアクセスが義務づけられたわけだが、日本については、その量について加重措置がとられた。具体的には、通常のミニマムアクセスであれば、6年の約束期間のもとで基準期間（1986〜88年）の平均国内消費量の3％から始まって、年0・4％の拡大で5％となるところを、4％からスタートして年0・8％の拡大で最終年に8％とすることを受け入れたのである。

約束期間の終結した段階で、日本のミニマムアクセスは7・2％、玄米ベースで77万トンとなった。8％にならなかったのは、約束期間最終年の1年前に遅ればせながら関税化を受け入れたことによる。ウルグアイ・ラウンド合意にもとづいて各国が設けた関税が、実質的に輸入を阻止できる水準を確保していたことから、日本のコメ市場にとっても関税化を受け入れたほうが得策だと判断されたためである。

例外措置の選択は明らかに判断ミスであった。というよりも、政府や国会議員に向けた「一粒たりともコメを入れるな」の大合唱にかき消されて、情報の慎重な分析にもとづく利害得失の冷静な判断は、ほとんど不可能な状態にあった。なお、77万トンのミニマムアクセス米は、2009年度のコメの国内消費量880万トンの8・7％にあたる。コメの消費量がミニマムアクセスの基準年以降も減り続けたためである。

†本書のねらい

2010年と1993年の日本農業新聞の紙面。この17年間、日本の農政は何をしてきたのだろうか。ほとんど同じパターンの農業団体の反発ぶりの報道を前にして、こんなふうに問いかけてみたくもなる。ほとんど何も変わっていないのではないか。そもそも変えることができるのか。このように自問してみて、けっして停滞続きの17年ではなかったし、ましてや逆走・迷走の17年であったわけでもないと答えたい。

むしろ近年に至るまで、農政の方向感覚に大きなブレは生じていなかったとも思う。もう少し具体的に述べるならば、2007年7月の参院選に民主党が圧勝するまでは、19

99年の食料・農業・農村基本法の制定に向けた取り組みと、基本法にもとづく政策を実行する取り組みという点で、農政は大局的にはブレのない歩みを進めてきたというのが、筆者自身の評価である。そういえば、かつては日本の農業政策の代名詞のように使われていた猫の目農政というフレーズもほとんど聞かれなくなっていた。もっとも、ここへ来て猫の目の復活とも言うべき状況が生まれていることも事実である。とくに農業の現場に戸惑いの空気が拡がっている。

本書では、ウルグアイ・ラウンド実質合意の前夜から2010年までの期間に照準を合わせて、日本の農政の歩みをトレースする。こうした作業に取り組むことで、そして、その結果を多くの人々にお届けすることで、農政の再建に多少なりとも貢献できればと考えている。ただし、安っぽい勧善懲悪のドラマ仕立てよろしく、まっとうな農政の歩みと、これを壊した民主党農政などという筋立てが頭の中にあるわけではない。すでに示唆してきたとおり、そういう面のあることは否定できないが、一方で民主党政権のもとではじめて実現された積極的な政策の枠組みもある。その代表はコメの生産調整の仕組みである。また、今後の動向を注視する必要はあるものの、農協をはじめとする農業団体と政治の世界の関係にも明らかに変化が生じている。

もうひとつ、2007年の参院選を機に日本の農政が逆走・迷走状態に転じたと述べたが、その背景事情として、そこに至るまでの農政が農業の現場へのていねいな説明や、農業の実態に関する正確でバランスのとれた理解の醸成という点で、必ずしも十分な取り組みを行ってこなかったとの思いもある。とくに小泉政権から安倍政権にかけて、「強い農業、攻めの農政」といった一本調子のスローガンが幅をきかせていたことが思い起こされる。その意味では、逆走・迷走の種は自公政権下の農政の内部にも胚胎していたと言ってよい。安定した農政の再建のためにも、過去を省みておく必要を痛感している。

†本書の構成

ひとことで農業政策と言っても、その範囲は実に広い。本書では主として、農業の担い手育成のための政策とコメの生産調整をめぐる政策のふたつを取りあげる。この選択は日本農業最大の問題が、高齢化が顕著に進んでいて、他方でコメの供給過剰に頭を痛めている水田農業にあるとの認識に発している。減反の呼称で知られるコメの生産調整は、本格的に導入された1970年から数えれば、2010年で実に41回を数える。両親から農業を受け継ぎ、子供に農業を引き継ぐまでの全期間を減反との苦渋に満ちた葛藤に終始した農家も少なくない。農業の担い手の確保についても、危機感が急速に高まったのは1990年代に入ってからであったが、担い手の不足は長年にわたる若者の就業選択の結果にほかならない。その意味で問題の根は深く、一朝一夕に光景を一変させることができる特効薬があるわけでもない。

担い手育成とコメの生産調整を中心に農政を振り返るわけだが、その準備として、第2章（食料自給率で読み解く日本の食と農）では過去半世紀の日本農業の推移を俯瞰する。キーワードは章のタイトルにもある食料自給率である。もっとも、自給率が低下して大変だなどといったたぐいの議論を行うつもりはない。単純であって、しかも意外に奥の深い食料自給率概念の本質に迫るとともに、その動向を分析的に眺めることを通じて、日本農業の強さと弱さを浮き彫りにしてみたい。

これまでの政策を振り返る第3章（誰が支える日本の農業）と第4章（どうするコメの生産調整）に続く第5章（日本農業の活路を探る）では、逆に近未来の日本の農業の活路について考える。農地の集積による規模の拡大とともに、複合化や多角化戦略によって経営の厚みを増すことの重要性を強調するつもりである。あわせて農業経営を取り巻く農地制度や農協のあり方についても、当面取り組むべきことがらの観点から、筆者なりの提案を披瀝する。

エピローグの第6章（混迷の農政を超えて）では、関税による国境措置の引き下げが現実の問題になりつつある点を念頭におきながら、国境措置に代わる国内農業支援の政策デ

表1 日本の農政のおもなできごと

1992年	農林水産省「新しい食料・農業・農村政策の方向」
1993年	ウルグアイ・ラウンド農業交渉実質合意
1995年	食糧法の施行・食管法の廃止
1998年	食料・農業・農村基本問題調査会が答申
1999年	食料・農業・農村基本法の施行
2000年	第1回の食料・農業・農村基本計画
2002年	農林水産省「米政策改革大綱」
2004年	新たな生産調整方式を軸にコメ政策改革の実施
2005年	第2回の食料・農業・農村基本計画
2006年	担い手経営安定新法の制定
2007年	担い手を対象に経営所得安定対策の本格導入
	7月の参院選で戸別所得補償政策を掲げた民主党が勝利
	自民党主導による担い手政策・コメ政策の見直し
2009年	石破大臣発言を契機に選択的減反をめぐる議論が急浮上
	8月の総選挙で民主党が圧勝
	新政権下でコメについて戸別所得補償の先行導入を決定
2010年	第3回の食料・農業・農村基本計画
	7月の参院選で民主党が敗北

ザインのポイントを論じるとともに、EUの農政の歩みを振り返ることにしたい。EUの農業政策の手法は、同じ先進国である日本にとっても参考になる面が少なくない。また、農政のテクニカルな面だけではなく、持続的な農政改革に対する姿勢にも学ぶべき点があるように思う。日本の農政の画期となった1990年代の初頭は、EUの前身であるEC（欧州共同体）が思い切った農政改革に踏み切った時期でもあった。

この章を閉じるにあたって、ウルグアイ・ラウンド決着前夜以降の日本の農政をめぐる主なできごとについて、担い手育成政策とコメの生産調整政策を中心に簡単な年表のかたちで整理しておく（表1）。以下の各章を読み進んでいく際に、適宜参照していただきたい。

第2章

食料自給率で読み解く日本の食と農

†食料自給率は高ければよいか？

40年近くにわたって食料や農業の問題を学び、教えてきた筆者だが、今日ほど食や農をめぐる多数の書籍が店頭に並んだことはなかったように思う。農業書ブームと言ってよいかもしれない。もちろん、世の常として玉石混淆という面はあろうが、広く社会の目が農業や食料の問題に向かうこと自体はよいことだと思う。近頃は、実際に農業経営や農業関連ビジネスに身を投じている方による書物もいくつか出版されている。私自身、読んで参考になることも多い。

例えば、群馬県の澤浦彰治さんの『小さく始めて農業で利益を出し続ける7つのルール』、千葉県の木内博一さんの『最強の農家のつくり方』、あるいは長野県の嶋崎秀樹さんの『儲かる農業』。いずれも個人的に存じ上げている方ではあるが、あらためて経営の理念や手法を深く知ることができてありがたかった。出版元の意向を反映してであろうか、タイトルからは手柄自慢の成功譚のような印象を受けるが、そうではない。試行錯誤や苦い失敗談も含めた真面目な取り組みの記録として説得力に富んでいる。3人の皆さんには第5章で再登場をお願いするとしよう。

タイトルに食料自給率を掲げた書物も少なくない。2006年度の食料自給率が40％を割り込み、かなりセンセーショナルに報道されたことも影響しているようだ。その後、2008年にかけて世界の穀物相場が記録破りの高騰を続けたことは記憶に新しい。価格の高騰も食料問題に対する社会の関心を強めたことは間違いなく、食料自給率に関係する書物の増加に結びついている。もっとも、自給率をめぐる論調は真っ二つと言ってよいほどに割れている。『食料自給率100%を目ざさない国に未来はない』であるとか、もう少し穏やかに『自給率を上げて食の安全を守る!』と題した本があるかと思えば、その横には『「食料自給率」の罠』といったタイトルの本が並ぶ。なかには「大嘘だらけの食料自給率」などという過激な副題の書物もある。人目を引くタイトルになりがちな点はここでも同じであるが、食料自給率の引き上げ派と食料自給率懐疑派とでは、意見の隔たりがずいぶん大きいことがわかる。

食料自給率はそれほど込み入った概念ではない。食料の消費量を分母にとり、国内の生産量を分子とする割り算によって得られる値が食料自給率である。すぐあとで説明するように、食料自給率にはいくつかのタイプがあるものの、分母の消費量と分子の生産量の割り算である点に違いはない。けれども、単純な指標ではあるものの、その意味するところが世の中に正確に理解されているかとなると、いささか心許ないというのも正直なところである。単純であるだけに、正確な理解がないままに、自給率の数値やスローガンがひとり歩きを始めることにも注意が必要だと思う。

そもそも、食料自給率は高いほど望ましいのであろうか。そうとばかり言えないことはすぐにわかる。少なくとも国と国の比較において、高ければ高いほどよいという命題は成り立たない。例えば、バングラデシュの食料自給率と日本の食料自給率を比べてみる。両国について比較可能なのは穀物自給率であるが、2007年のバングラデシュの率は98%であった。ほとんど完全自給である。これに対して、日本の穀物自給率は28%。惨憺たる状態と言いたいところであるが、もちろん、バングラデシュの食料事情が日本よりもよいなどということはない。バングラデシュの位置する南アジアはサブサハラのアフリカと並んで、栄養不足人口が集中している地域なのである。

ふたつの国では分母の大きさ、つまり食料の消費量が極端に異なるから、自給率の大小によって食料事情を比較することはできない。ただし、分母が違うと述べたが、穀物そのものの1人当たりの消費量をとれば、バングラデシュの181キログラムに対して、日本は115キログラム（2007年）。日本の消費量はバングラデシュの3分の2にも満たない。なぜこうなるかと言うと、私たちはご飯やパンやめん類に加えて、別のかたちで穀物を大量に消費しているからである。畜産物のエサとしての穀物の間接消費がそれである。ちなみに2007年に、日本の1人当たりの肉の消費量はバングラデシュの11倍、同じく牛乳・乳製品は4・8倍であった。飢餓線上をさまよう食料事情のもとでの98％と、豊かな食生活を満喫しているなかでの28％を並べて比較してみても、有益な示唆を引き出すことはできない。

†カロリー自給率と生産額自給率

では、分母が同じ大きさであれば、食料自給率は高ければ高いほどよいと言えるかどうか。国際比較ではなく、日本という国を念頭において考えるとき、食料自給率はどの程度であればよいかという問いでもある。こう言い換えてもよい。日本社会にとって、どの程度の食料自給率であれば、安心できる状態と言えるのか。もしそんな自給率の境界線があるとすれば、境界線を引く根拠はどこにあるのか。食料自給率をめぐる議論も、このあたりになるとそう簡単に答えを提示することはできない。本章では、食料自給率の本質に迫るべく、こうした問いにも答えてみたいと思うが、そのための準備という意味でも、しばらくは日本の食料自給率の推移を概観しておくことにしよう。まずは実際のデータの観察から始めようというわけである。

図1を見ていただきたい。1960年以降の食料自給率が3本の系列としてグラフ化されている。日本で一番ポピュラーな自給率が真ん中の系列であり、正式には供給熱量ベー

スの総合食料自給率と呼ばれている。総合とは、すべての食料について集計して得られた自給率という意味である。問題は集計する際の尺度である。個々の品目ごとの自給率であれば、重量を物差しとして割り算を行えばよい。現に品目別の自給率はそのように計算され、公表されている。

食料全体をカバーする自給率についても、重さで集計することにまったく意味がないわけではない。食料輸送の環境負荷に着目するフード・マイレージは、食料の重量と輸送距離の積として計算されているが、重さによる総合自給率という発想にも通じる面がある。要は、何を知るための自給率かという観点に立って尺度を選択すればよいのである。これまでのところ、重量ベースの総合食料自給率が公表されたことはない。そこで供給熱量ベースの自給率にもどるが、食料に含まれているカロリーを尺度として集計計算されている。カロリーベースの総合食料自給率と呼ばれることもある（以下、カロリー自給率と略記する）。

カロリーは人間が必要とする栄養素の基本であるから、食の問題を考える際の指標として、カロリー自給率には合理的な意味がある。ただ、食料問題の理解に有益な自給率の物差しはカロリーに限られるわけではない。図1にはもうひとつの系列、生産額ベースの総合食料自給率が示されている（以下、生産額自給率と略記する）。こちらは食料の経済的な

図1 食料自給率の推移

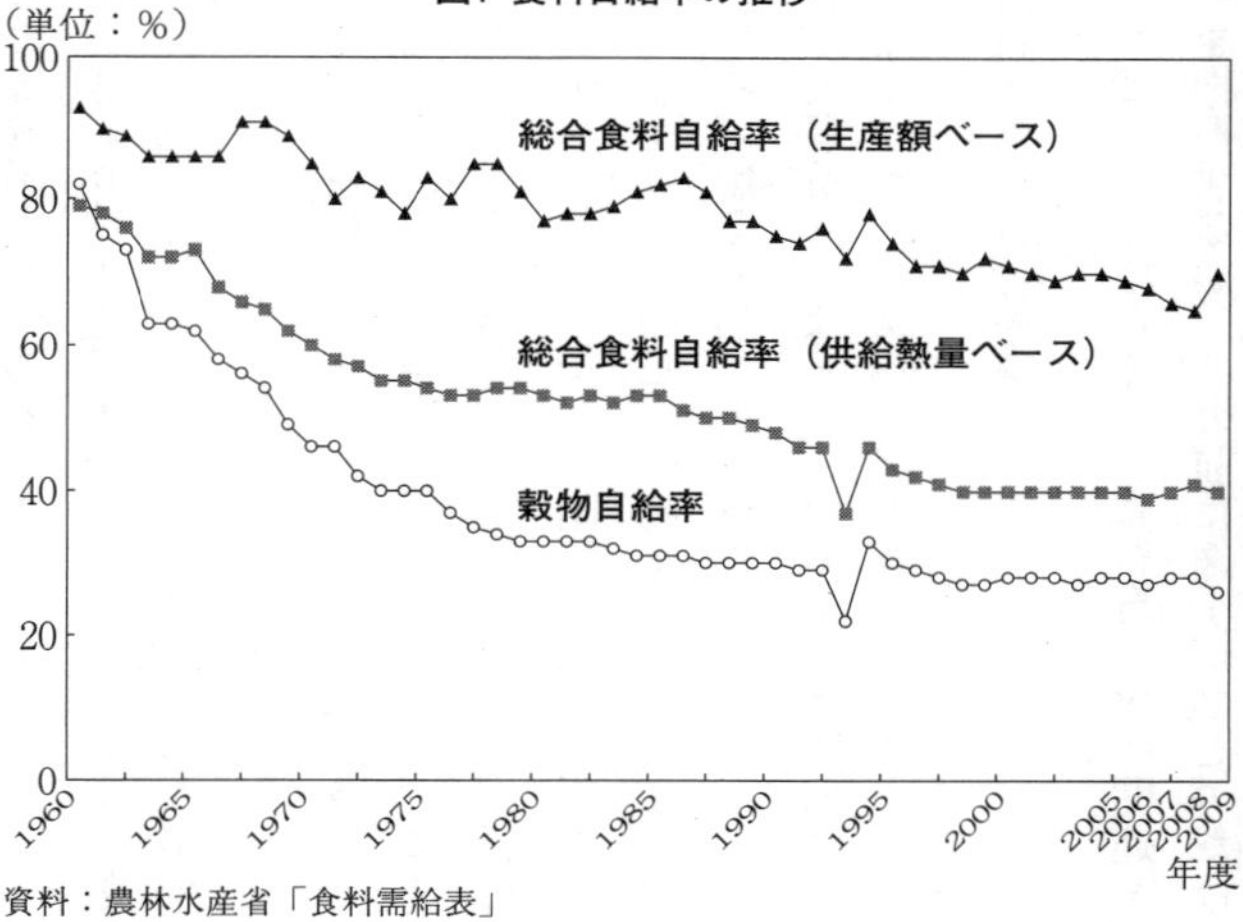

資料：農林水産省「食料需給表」

価値を尺度として集計計算された自給率である。具体的には、農家が出荷する段階の価格を物差しとして国内生産額が算出されている。食料生産も大半が経済行為として行われているから、価格を尺度とすることにも合理的な理由がある。

実を言えば、以上の説明の順序とは逆で、早くから算出されていたのは生産額自給率のほうであった。１９６０年度について、最初の生産額自給率が公表されている。カロリー自給率の公表はずっと遅く、１９８７年度にスタートする。図には１９６０年度以降の数値が示されているが、事後的に遡及計算されたものである。カロリー自給率は日本で考案された。現時点で同様の自給率を公表しているのは韓国と台湾のみである。

ときおり欧米先進国のカロリー自給率の数値が話題になることがあるが、これは農林水産省がその国のデータを用いて試算した結果である。外国人の場合、よほど日本の事情に通じている専門家でない限り、また、現に使われているお隣の韓国と台湾を除いて、カロリー自給率はピンとこない指標であろう。

図1には穀物自給率も示されている。こちらは食料全体をカバーしているわけではない。けれども、人間の食料であり、家畜の飼料でもある穀物は、もっとも基礎的な食料であることから、穀物自給率は国際的にも通用性の高い指標として用いられている。コメと小麦とトウモロコシの三大穀物が中心で、さらに大麦・裸麦や雑穀類なども合算された自給率である。類似の品目をカバーしていることから、重量による集計計算が行われている。先ほども紹介したように、2007年の日本の穀物自給率は28%であった。こちらの自給率指標のほうが、海外の関係者には理解されやすいはずである。

†昭和時代の食料自給率

ここからしばらくは、食料自給率や関連する基本データを眺めながら、日本の農業の推移を把握するが、その前に図1にひとつだけコメントを加えておく。それは、カロリー自給率と穀物自給率がイレギュラーに低下した年についてである。若い読者の中には、なんだろうと首を傾げた向きもあるかもしれない。1993年の出来事で、コメの作況指数が74、つまり平年作の4分の3。敗戦の1945年に次ぐ凶作であり、平成の米騒動などとも報道された。奇しくも、第1章で紹介したウルグアイ・ラウンドが実質合意に達した年でもあった。

皮肉なことにと言うべきか、「一粒たりともコメを入れるな」のスローガンが巷で叫ばれるそのさなかに、コメの緊急輸入が行われた。とくに反対の声は耳にしなかったが、筆者はかなり強い違和感を覚えたことを記憶している。「ずいぶん勝手な国だな」と言われても仕方があるまいという気持ちからである。それはともかく、注意しておいてよいのは、日本が消費量の4分の1に相当する250万トンを緊急輸入したことで、コメの国際相場が2倍近くに跳ね上がった事実である。

もともと、穀物は生産された国の中で消費される割合が大きく、自国の必要量を超えた小さな量が貿易に向かう構造を特徴としている。薄い市場とも言われてきた。そこに日本発のまとまった買い付けが入ったために、価格が高騰したわけである。日本というプレーヤーが動くことで、世界の価格に変化が生じることもありうるわけである。なお、国内のコメ価格も上昇したため、生産額自給率に目立った変化がなかったことも付け加えておく。

さて、図1を眺めてみると、ここ10年ほどは横ばい状態であるが、そこに至る40年近くの期間、いずれの自給率も低下トレンドのもとにあったことが明らかである。この事実があるため、日本の農業が長期傾向的に縮小し続けたと思われがちであるが、この理解は正しくない。ある時期までの日本の農業生産は伸びていた。表2を見ていただきたい。農業生産指数という統計から作成した。元のデータは毎年の統計として公表されているが、年々の気象条件の影響を受けて不規則に変動することから、5年ごとの平均値を求めて表示してある。トレンドを見るためである。

ここでは総合の欄の数値に注目する。農産物全体を集計して得られた指数である。専門的にはラスパイレスの数量指数、つまり基準年の価格をウェイトとして品目全体を集計した総合指数である。表から1980年代後半に指数のピークがあったことがわかる。つまり、農産物総体としてみれば、日本の農業は80年代の後半までは拡大していたのである。にもかかわらず、三つの自給率の系列はいずれも低下基調にあった。農業生産の総量が伸びていながら、食料自給率が低下し続けたとすれば、それは分母の消費量の増加によって説明されるほかはない。

なお、念のために付け加えておくと、農産物には計上されない魚介類の消費量の割合(カロリー換算)は5%程度である。日本の食生活に欠かせない食材ではあるが、魚介類の

表2 農業生産指数の推移と品目別の自給率

	総 合	米	麦 類	豆 類	いも類	野 菜	果 実	畜産物
1960-64年	100	100	100	100	100	100	100	100
1965-69年	117	107	78	73	82	123	142	151
1970-74年	120	94	27	64	60	135	184	205
1975-79年	129	99	25	49	59	141	206	241
1980-84年	129	84	44	49	63	145	199	280
1985-89年	134	87	55	57	70	147	194	307
1990-94年	128	81	38	40	63	137	172	313
1995-99年	122	79	28	38	58	129	161	297
2000-04年	115	70	40	46	53	121	150	286
2009年度自給率(%)		95	11	8	78	83	41	63

資料：農林水産省「農林水産業生産指数」「食料需給表」
注）農業生産指数は各期間における指数の平均値（1960-64年＝100）。

動きだけで食料自給率の低下を説明できるほどのウェイトではない。ちなみに近年の魚介類の自給率は5割強の水準にある。

分母の消費量に影響する要素のひとつは人口であり、たしかに増加している。けれども1960年を100として、70年111、80年125、90年132であり、この要素で自給率の大幅な低下を説明することはできない。表2の総合の指数の増加率に近い人口増加だったからである。結局、1人当たりの消費量が自給率低下の主因であったと考えるほかはない。事実、日本の食生活は驚異的とも形容できるほどに大きく変化している。

表3に変化の様子が示されている。こ

表3 年間1人当たり食料消費量の変化

（単位：kg）

年　度	1955	1965	1975	1985	1995	2005	2005年度/1955年度
米	110.7	111.7	88.0	74.6	67.8	61.4	0.55
小　麦	25.1	29.0	31.5	31.7	32.8	31.7	1.26
いも類	43.6	21.3	16.0	18.6	20.7	19.7	0.45
でんぷん	4.6	8.3	7.5	14.1	15.6	17.5	3.80
豆　類	9.4	9.5	9.4	9.0	8.8	9.3	0.99
野　菜	82.3	108.2	109.4	110.8	105.8	96.3	1.17
果　実	12.3	28.5	42.5	38.2	42.2	43.1	3.50
肉　類	3.2	9.2	17.9	22.9	28.5	28.5	8.91
鶏　卵	3.7	11.3	13.7	14.5	17.2	16.6	4.49
牛乳・乳製品	12.1	37.5	53.6	70.6	91.2	91.8	7.59
魚介類	26.3	28.1	34.9	35.3	39.3	34.6	1.32
砂糖類	12.3	18.7	25.1	22.0	21.2	19.9	1.62
油脂類	2.7	6.3	10.9	14.0	14.6	14.6	5.41

資料：農林水産省「食料需給表」
注）１人１年当たり供給純食料。

ここでは起点を１９５５年とした。日本経済の高度成長がスタートした節目の年である。表には半世紀後の２００５年までにどれほど変化したかを倍率のかたちで示しておいた。もっとも増えたのは肉類で８・９倍。これに続くのが牛乳・乳製品の７・６倍と卵の４・５倍。畜産物の消費が激増したわけである。もうひとつ顕著に増加したのが油脂類で５・４倍。所得水準の上昇とともに、この国の人々は豊かな食生活をエンジョイできるようになった。ひとことで言うならば、食生活の洋風化である。ちなみに、１９５５年から２００５年までの半世紀にこの国の１人当たり実質所得は７・７倍にアップした。

食生活の変化が食料自給率の低下につながった。消費が著増した畜産物については、表2の2008年の自給率63%からもわかるとおり、輸入もたしかに増えたが、生産指数の上昇に示されているように、国産品もずいぶん頑張っていた。ところが、国内の畜産に必要な飼料、とくにトウモロコシを中心とする栄養価の高い飼料穀物は、全面的に海外からの輸入に依存している。このような飼料穀物の大量輸入が自給率を大きく引き下げたわけである。もうひとつ、油脂類の原料用大豆も100%輸入されている。こちらも自給率低下の要因として見逃すことができない。

†畜産3倍、果樹2倍

一方、食生活が変化するなかで消費が減少した品目もあった。その代表がコメである。ただし、1955年の段階ではまだコメの消費は伸びており、ピークは1962年の1人当たり年118キログラムであった。直近の消費量は60キログラムを割ったから、ピーク時のほぼ半分である。同様にいも類も減少したことがわかる。こちらも半分以下となった。もっとも、表2からわかるように、コメといも類の自給率はいまも高い水準に維持されている。したがって、食料全体の自給率の維持にはプラスの方向に働いていると言ってよい。けれども、消費量が大きく減少したため、コメといも類のプラスの貢献の度合いも小さくなった。食生活の変化は、自給率の高い品目の消費割合の縮小という面からも、食料自給率の低下をもたらしている。

なかには、消費に大きな変化は生じていないにもかかわらず、国内生産の縮小によって自給率が低下し、全体としての食料自給率を引き下げることになった品目もある。麦が典型であり、国産小麦が輸入品に席を譲り渡したかたちである。けれども、食料全体を大局的に眺めれば、生産の減少したコメやいも類を含めて、食生活の変化が食料自給率を引き下げた主たる要因であった。

日本農業も頑張っていた。とくに表2の右3列の畜産物や果実や野菜である。このうち畜産物と果実については、かつて「畜産3倍、果樹2倍」という標語があった。1961年に施行された農業基本法のもとで、需要拡大の見込まれる品目の増産を目ざしていたからであり、その思いが「畜産3倍、果樹2倍」のスローガンに託されていた。こうした農政の路線は、選択的拡大とも呼ばれた。農業基本法は高度経済成長への農業・農村の適応を促すことを理念とする法律だったが、畜産と果樹農業は生産を飛躍的に拡大することで、基本法の期待によく応えた部門であった。

†平成時代の食料自給率

食生活の変化が食料自給率の低下の主たる要因であったと述べた。けれども、これは1980年代後半までの食料自給率、つまり昭和時代の食料自給率に当てはまる表現であって、時代が平成に移るころから、食生活と農業生産にはそれまでとは異なる傾向が現れることになる。ひとつは食料の消費に大きな変化が見られなくなったことである。食生活がほぼ飽和状態に達したと言ってよい。むろん、加工食品や外食の分野ではひっきりなしに新手の商品やメニューが現れているが、総量としての食料の消費量を見る限り、落ち着いた状況に移行している。表2で確認できるように、とくに消費の伸びの著しかった畜産物や油脂類の消費量が横ばいの状態となった。周知のとおり、日本の人口も2004年を境に減少局面に入った。

平成に入って観察されているもうひとつの変化は、農業生産が全体として縮小局面に転じたことである。表2の総合指数がこれを端的に示している。もともと縮小傾向にあったコメや麦やいも類に加えて、畜産物や果実が縮小に転じたことが大きく影響している。分母の消費量が横ばい状態のもとで国内の食料生産が縮小するならば、食料自給率も低下する。事実、図1は90年代に入っても食料自給率に低下傾向が続いていることを示している。

過去10年ほどに限れば、自給率は横ばいの状態にある。けれども、食料と農業をめぐる状況が好転したと見るのは早計であろう。2000年から策定されることになった食料自給率目標のもとで講じられてきた取り組みによって、なんとか持ちこたえているといったところであろうか。ともあれ、平成に入って以降の食料自給率の低下は国内農業の後退をそのまま反映した現象なのである。

†カロリー自給率と生産額自給率の乖離

ところで、図1のふたつの総合食料自給率を比べてみると、生産額自給率が現在も7割程度の水準にあるのに対して、カロリー自給率は4割と低い。かつてはこれほどの差があったわけではない。1960年には93%の生産額自給率に対して、カロリー自給率も79%という高い水準にあった。それが次第に開いてきたわけである。このように生産額自給率とカロリー自給率が乖離してきた現象は、日本農業の強さと弱さのコントラストを反映している。

ふたつの自給率に開きが生じる要因のひとつは、野菜生産の頑張りである。例えば、レタスはほぼ100%国産であるが、カロリー自給率には反映されない。カロリーがないからである。もちろん経済的な価値はあるから、生産額自給率の維持には貢献している。レタスのような葉菜類だけではない。キュウリ、トマト、ピーマンといった果菜類、ダイコンやカブのような根菜類にも似たようなことが言える。野菜生産の頑張りで重要な点は、今日では野菜の多くがハウス栽培で生産されていることである。環境をコントロールするハウス栽培であるから、露地栽培とは違って、1年に複数回作付けすることもできるし、棚を二段・三段に設けることで敷地を有効に利用することもできる。

限られた土地が有効利用されている点は、日本の畜産にも共通している。ほんらい家畜の飼養には広大な土地が必要とされる。エサを生産するためである。けれども、日本の畜産経営は北海道や都府県の一部の地域を除くと、飼料の多くを購入している。この購入飼料の大半は海外からの輸入品である。つまり、日本の畜産は飼料生産部門を海外に委ねたうえで、飼料から畜産物を生産する工程に特化するスタイルをとったわけである。加工型畜産と表現されることもある。さきほど表2によって日本の畜産物の生産が3倍に伸びたことを確認したが、これを牽引したのは輸入飼料に支えられた加工型畜産であった。

このような日本型の畜産の頑張りも、ふたつの自給率に開きをもたらすことになる。その理由のひとつは自給率計算上の飼料の扱いにある。カロリー自給率の計算においては、かりに畜産物自体が100%国産であっても、その畜産物の生産に投入された飼料の90%が輸入品である場合には、畜産物の90%は輸入品としてカウントされる約束になっている。いま述べた数値例は、今日の卵の生産にほぼ当てはまる。一方、生産額自給率については、国内で生産された畜産物は国産品としてカウントする。ただし、全費用のうち輸入飼料の割合に相当する分は外国産とみなされる。ここで言う全費用には家族労働の労賃や機械・施設の償却費などもすべて含まれているから、費用に占める輸入飼料の割合が90％などという高い値になることはない。と言うわけで、飼料の計算上の扱いの違いが、畜産の頑張りとあいまって、ふたつの食料自給率に乖離を生むことになった。

畜産の頑張りと繰り返してきたが、たんに量的な拡大で頑張っただけではない。和牛に象徴されるように、消費者から高く評価される畜産物を生産する点でも、日本の畜産の健闘ぶりは際立っている。そして、この要素もふたつの自給率に開きをもたらすことになる。同じ1キログラムの牛肉であっても、和牛と豪州産のオージービーフでは消費者の評価には大きな違いがあり、その違いは価格差のかたちで生産額自給率に反映される。これに対してカロリー自給率については、同じ牛肉1キロであれば、同等の貢献ということになる。国産品に対する消費者の高い評価も、ふたつの自給率に開きが生じる要因なのである。牛肉だけではない。豚肉や鶏肉についても、産地ブランドの確立されている例や、特別の飼養方法で付加価値を得ている例が少なくない。品質の高さで消費者の評価を得ている国産品は、果物や野菜でも珍しくない。

†ふたつの農業——集約型と土地利用型

限られた土地を有効に利用し、手間暇を惜しむことなく品質を追求する部門では、日本の農業も大いに健闘してきた。こうした部門を集約型農業と表現することが多い。投入・産出の両面で土地当たりの経済活動の水準が高い点に着目して、土地節約型農業と呼ぶこともある。集約型農業の代表は野菜や花などの施設園芸や酪農・養豚・養鶏などの畜産である。これらの部門では従業員を雇用している経営も多く、法人化もごく普通に行われている。企業の参入の動きが目立つのも、集約型農業の分野であると言ってよい。一年を通じて繁閑差の小さい生産体系を設計しやすいことや、作業の規格化に向いていることもあって、集約型農業には人を雇う企業型の経営が多い。

対照的なのが土地利用型農業である。土地利用型農業は大きく水田作と畑作に分かれるが、問題は水田農業である。畑作の中心は北海道であるが、すでにヨーロッパ水準の規模の農業経営が当たり前になった。都府県の畑地帯では野菜生産を組み込んでいる経営も多いから、集約型農業の要素もある程度加わっている。問題は水田農業だと述べたが、ここでも北海道、それに秋田県の大潟村は別格である。10ヘクタール前後の規模を耕作する専業・準専業の経営が標準的な存在になっているからである。問題は都府県の水田農業というわけだが、この点については次章以下で詳しく論じることにしたい。ここでは、数十年にわたってそれなりに安定していた兼業農業のシステムが、農業者の高齢化によって、急

表4 部門別にみた農業経営の概況（2008年）

（単位：万円・時間・円・ha）

		10a当たり農業粗収益	10a当たり農業経営費	10a当たり農業所得	10a当たり労働時間	1時間当たり農業所得	農地面積
水田作	都府県	11.4万円	9.5万円	1.9万円	48時間	417円	1.7ha
	北海道	11.8	8.2	3.6	24	1,711	10.6
畑作	都府県	21.2	14.1	7.1	113	698	2.1
	北海道	10.1	7.2	2.8	14	2,355	27.8
野菜作	露地野菜	27.8	17.4	10.4	173	643	1.7
	施設野菜	42.4	26.9	15.4	218	810	2.4
果樹作		31.3	21.2	10.1	187	601	1.6
酪農	都府県	56.2	50.5	5.8	93	672	5.8
	北海道	10.8	9.6	1.3	15	956	50.4
養豚		360.1	314.4	45.7	312	1,747	1.7

資料：農林水産省「農業経営統計調査」

注）農業所得＝農業粗収益－農業経営費。「1時間当たり農業所得」は家族農業労働1時間当たり農業所得。

速に持続性を失いつつあることを指摘するにとどめておく。

集約型農業と土地利用型農業の違いと言われても、実感のわかない読者も少なくないであろう。そこで、それぞれの代表的な部門を取りあげて、農業経営の基本データを示しておく（表4）。いまも述べたとおり、水田作や畑作の農業経営のありようは北海道と都府県で異なることから、別個にデータを掲げてある。表からは、10アール当たりの労働時間や経営費、あるいは粗収益や所得という点で、集約型農業の数値が概して大きいことを確認できる。酪農については、北海道では土地利用型農業の性格を持ち、都府県では集約型農業としての色彩が強いこともわかる。

山がちで急峻な地形が多く、農業に適した土地資源が限られている日本において、集約型農業はそうした制約条件を回避できる点に強みがあった。日本の資源賦存条件に適したタイプの農業と言うこともできる。むろん、この領域においても初めから規模の大きな経営が存在したわけではない。例えば、現在の養豚の1経営当たりの飼養頭数は1440頭であるが（2009年）、半世紀前にはわずか2・4頭だった（1960年）。600倍の頭数になったわけである。逆に養豚農家の数は減った。1960年に80万戸を数えた養豚農家は、いまや7000を切るに至っている。養豚ほどではないものの、酪農部門でも同じ期間に乳用牛は1経営当たり2頭から65頭に増えている。酪農家の数も41万から2万3000に減少した。

ガラス室やビニールハウスを用いる施設園芸に関しては、技術自体が日本では比較的新しく、栽培面積の統計も1968年以前は把握されていない。そんな中で施設野菜作の規模拡大は着実に進んでおり、今日では生産額に占める主業農家による割合が養豚と酪農に次いで高い部門となった。主業農家とは農業統計上の用語で、農業所得が農家所得の半分以上で、60日以上農業に従事する65歳未満の世帯員が少なくとも1人いる農家のことを言う。一般に馴染みの薄い統計用語であるため、本書では同じような意味で専業・準専業の農家とも表現している。

†集約型農業の課題

集約型農業は急速に規模を拡大してきたわけだが、土地面積の制約に縛られることなく拡大できた点に、集約型農業の集約型たるゆえんがある。これが、経済成長に対する日本農業の適応のひとつのスタイルであったと言うこともできる。以上のような筆者の説明に接したことで、読者の中にはバラ色の集約型農業のイメージを抱かれた方があるかもしれない。そうであるとすれば、多少の軌道修正が必要である。成長を遂げながらも、さまざまな課題に直面しているのが集約型農業の現実の姿だからである。

表4をもう一度見ていただきたい。今度は1時間当たり農業所得の欄に目を移すと、養豚と北海道の水田作、畑作はそれなりの水準であるものの、そのほかの部門はいずれも1000円を切っている。ちなみに、表示した2008年の製造業の賃金は常用労働者5人以上の事業所の平均で1日当たり1万9003円であった。常用労働者30人未満の事業所に限定した場合にも1万3311円であるから、時間給にして農業との開きは大きい。ただし、比較にあたっては、農業従事者が高齢化している点を考慮すべきである。とくに高齢化の著しい都府県の水田作については、通常の意味での経済性を度外視した耕作という

実態も広く存在するから、収益性の評価には注意を要する。この点も次章で吟味することにする。そうすると問題の焦点は、働き盛りの農業従事者を擁する部門、具体的には施設園芸や酪農の所得の低水準にあると言ってよい。

ふたつのことを指摘しておきたい。ひとつは、表示した2008年には、世界の石油価格や穀物価格の高騰の影響が施設園芸や畜産にも及んでいたことである。この点については、2008年にたまたま不運に見舞われたと受け止めるべきではない。エネルギー資源や飼料穀物を多投する施設園芸や畜産は、国際的な市況に大きく左右される脆弱性を内包していると見るべきなのである。世界の資源制約の強まりと市場の不安定性の高まりに対して、農業技術、農業経営、そして農業政策の面で対応策や改善策を模索する必要がある。

もうひとつ、農産物の価格について、全般的なデフレ傾向による不振という面はあるものの、同時に価格形成という点に農業側のウィークポイントがあることも指摘しておきたい。とくに通常は政府の価格への関与がほとんどない野菜や果物について、農業側と買い手側のあいだに交渉力の差や情報量のギャップが大きいように思う。多くの野菜農家や果樹農家は生産物を農協に出荷する。農協は市場に出荷し、そこで成立した価格にもとづいて農家に支払いを行う。このシステムのもとで、農産物価格の形成が流通の川下側にリードされ、結果的に低迷する状況が続いているわけである。この部分にもメスを入れる必要がある。第5章で取り上げることにしよう。

†食料自給率目標への懐疑論

食料自給率や関連するデータをやや詳しく観察することを通じて、日本の農業にもよく健闘してきた部門と後退を余儀なくされてきた部門のあることを伝えられたのではないかと思う。日本農業をめぐる議論は楽観論と悲観論に割れるのを常としてきたが、大きな理由として、日本農業自体が強さと弱さの両面からなる複合体だという点がある。このことは自給率をめぐる楽観論と悲観論の違いにも結びついている。つまり、楽観論は生産額自給率の高さに着目して自説を組み立てることが多く、悲観論はカロリー自給率の低さを強調して止まない。わかりやすい対立の構図ではある。高い生産額自給率は集約型農業の健闘と裏腹の関係にあり、カロリー自給率の低迷は土地利用型農業の後退の反映だからである。

食料自給率は農業の問題を考える入口としては、それなりに有益である。カロリー自給率は、基礎的な栄養素の調達構造の一面を表している点で、食料安全保障と関係の深い指標であるし、生産額自給率は国内農業の経済活動としてのボリュームへの関心に応えてくれる。それぞれに特徴があり、限界もある情報源として賢く使えばよいのである。けれども、今日の日本において、食料自給率は情報源とは別の重い役割を担うことにもなった。

目標としての食料自給率である。

話は1997年の4月にさかのぼる。当時の橋本内閣のもとで、首相の諮問機関として食料・農業・農村基本問題調査会が発足した。調査会設置の狙いは明確であった。すでに政策をリードする力を失って久しい1961年の農業基本法に代わって、新たな基本法の制定に向けて地ならしを行うこと、これが調査会のミッションであった。発足から8カ月後には「中間とりまとめ」が公表され、翌年の9月には答申が小渕恵三首相に提出された。こんな具合に紹介すると、スムースに議論が進んだかのようであるが、ずいぶん激しい議論も交わされた。激しい議論ならまだしも、筆者が参加していた部会では、会議の終了直後、委員の全国農協中央会の会長がいまにも摑み掛からんばかりの剣幕で、隣にいた経済界出身の委員を大声で怒鳴りつけるといった一幕もあった。たまたま同じ苗字のため、座席が隣同士だったのである。次の回からは、二人の席は遠く離れた位置にセットされた。

調査会の議論の焦点は三つあった。第1に株式会社の農業参入についてであり、第2に中山間地域の農業に対する直接支払いについてであり、第3が、この章で検討している食料自給率に関して、国として目標を設定することについてであった。第1と第2の論点はおくとして、食料自給率目標については、委員のあいだではどちらかと言えば懐疑論が優勢だったという印象が残る。いま振り返って、懐疑論の背景には大きく三つの危惧、ないしは違和感があったように思う。

ひとつは、掲げられた目標がいわば錦の御旗となって、農政全体が合理性を欠くことにつながり、農業界の利害優先に傾斜することに対する懸念である。この種の懸念は食料自給率の本質とは別次元のことども言えるから、「中間とりまとめ」などの文書に記述されているわけではない。ただ、現実の農業政策形成のプロセスで注意を要する点であることは疑いをいれない。

残るふたつの見解については、私自身の印象というだけでなく、「中間とりまとめ」にも記録されている。ひとつは、自給率目標を設定するとすれば、分母の消費量を左右する国民の食生活にも政府が積極的に関与する必要が生じるが、それは困難であるとの判断である。要するに、一人ひとりの食べ方にお上が文句を言うべきではないというわけである。経済学の分野ではこのような姿勢、つまり消費者主権は尊重されるべしという姿勢の専門家が多数派である。ミクロ経済学の理論自体が、消費者主権を前提として組み立てられている。

すでに触れたとおり、食料自給率の目標は設定されることになった。この判断に至る過程では、経済学に馴染みのある消費者主権重視の見解に対して、かなり説得力のある考え方が対置されたとの印象を持っている。つまり、現代の食生活には健全とは言いがたい要素も含まれており、それが医療費などの社会の負担につながっている現実を直視するならば、食生活のあり方に対して改善の働きかけを行うことは当然だとする考え方である。栄養学や公衆衛生の専門家からすれば、このほうが常識だということかもしれない。経済学を仕事の道具としてきた筆者の正直な感想を申し述べれば、自給率目標が設定されることで経済学の社会観は譲歩したわけだが、悪くない譲歩だったように思う。

†危険水域にある日本の食料供給力

さて、懐疑論の3番目は、国民に安心感をもたらすためには、分母次第で振れる自給率よりも食料供給力の確保が重要だとする見解であった。農業政策の観点からは、この論点こそがポイントだったと言ってよい。心配なのはむしろ食料の絶対的な供給力であって、これを維持することこそが政策の取るべき道だというわけである。

この論点に関わって重要な情報が、日本の現実の食料供給力がどれほどのレベルにあるかである。実際、基本問題調査会にも農林水産省の試算が提示されたが、ここでは2000年の食料・農業・農村基本計画の策定に際して行われた試算の結果を紹介することにしよう。

試算は、現状から若干減少した農地面積という前提と、面積当たり作物収量が現状よりもいくぶん増加するとの前提のもとで、カロリー供給力が最大となる農業生産を行った場合について、1人1日当たりの供給カロリーを示している。現状の農地面積や作物収量とは異なる前提がおかれたのは、食料自給率の目標年である10年後を想定して試算されているからである。このようにやや込み入った前提のもとでの試算であるから、結果については概数としての評価にとどめるべきであろう。

ふたつのケースについて試算が行われ、結果は1人1日1890キロカロリーと2030キロカロリーであった。食生活に占めるいも類のウェイトが極端に高まり、畜産物や油脂が極端に減ることになる。いずれにせよ、無駄なく摂取してようやく生きていくことができるレベルのカロリー供給力であることが示された。日本農業の資源と生産性は、絶対的なカロリー供給力という点で、すでに危険水域に入り込んでいると言ってよい。しかも農地の減少が続いている。いま紹介した試算で前提とされた農地面積は470万ヘクタールだったが、2009年には想定よりも9万ヘクタール少ない461万ヘクタールにまで減少した。

†安全保障としての食料供給力

筆者は、いついかなるときにおいても、この国に住む人々が食べつないでいけるだけの食料供給力を確保しておくことは、国家として一番プライオリティの高い責務だと考えている。1人1日2000キロカロリーは、その意味で食料安全保障の生命線の水準であると言ってよい。もっとも、食料安全保障はこれ自体議論の多いテーマである。ここで筆者自身が、こうしたミニマムの食料供給力を維持することの必要性について、どのように考えているかを述べておきたい。

海外から一切の食料が調達できなくなるなどという状態は、まずないだろうとは思う。そのような不測の事態を招かないように努めることも当然である。それでも、絶対に起きないという保証はない。この世界にはみずからコントロールすることができない要素がいくらでもあるからだ。国内、国外ともにいささか安定感を欠きはじめたこともあって、まさに予測不能な世界に向き合う用心深さが大切である。

そんな状況のもとで、万が一の事態にも対処可能なミニマムの食料供給力を備えていることは、この国の人々が冷静に判断し、安定した行動をとるための礎としての役割を果たすに違いない。重要なのは、対処可能な備えがあるという事実が、社会に情報として浸透していることである。逆の状況をリアルに想像してみるとよい。かりに国外からの食料が途絶えた場合に、国内の食料供給力が人口の半分を支えるだけのキャパシティしかないとしよう。そして、その事実が人々のあいだに知れ渡っているとする。はなはだ危険な状態だと思う。日本の周辺で生じたちょっとした刺激的な事態に対して、過剰な反応が引き起こされることだって考えられないではない。地盤沈下が語られてはいるものの、日本の国の力を背景に人々が暴走を始めるとすれば、それは危険きわまりないことだと言ってよい。そんな内部からの崩壊の事態を防ぐためにも、食料の安全保障が大切なのである。食料安全保障は社会を守るインフラであると同時に、社会の暴走を予防するためのインフラでもある。

†自給率と自給力

食料自給率を引き上げるための目標の根拠を突き詰めていくならば、食料供給力の問題に行き着く。この文脈で農林水産省の試算が物語るのは、日本の潜在的な食料供給力が危険水域に入り込んでいることであった。もうひとつ、この章で確認してきたことであるが、平成時代に移って以降、食料自給率の低下は主として農業生産の後退を反映していた。そして、農業生産の後退は農業資源の劣化に結びつく。典型的には耕作放棄地の増加であり、埼玉県の面積を超えているというデータもある。

耕作放棄地とは、過去1年以上作付けせず、しかも数年の間に再び作付ける考えのない土地と定義されているが、この意味での耕作放棄地には含まれないものの、1年を通して作付けのなかった農地もじわりじわりと増えている。2008年の耕地利用率は92%。年に一度も利用しない農地が拡がっている。日本の農地面積のピークの年は農業基本法が施行された1961年であったが、その時点の耕地利用率は133%であった。それが徐々に低下を続けて、現在の92%にまで落ち込んだわけである。ちなみに低下トレンドのもとで、ちょうど100%を記録したのは1993年。奇しくもウルグアイ・ラウンド実質合意の年であった。

基本問題調査会はその答申で食料自給率目標を掲げることに意義があるとし、1999年の食料・農業・農村基本法は5年ごとに策定する食料・農業・農村基本計画において自給率目標を定めることを謳った。このような判断は、日本の食料自給率の低下が農業の後退を映し出しているとの認識、また、それが農業資源の縮小とリンクしているとの認識、さらにこれらの事態が潜在的な食料供給力の危険水域で生じているとの認識に立脚していた。裏返せば、農業生産の維持・拡大と農業資源の確保を目ざす取り組みの指針として、食料自給率の目標が設定されることになったわけである。この点について食料・農業・農村基本法は、上述の食生活の改善の視点とあわせて、「食料自給率の目標は、その向上を図ることを旨とし、国内の農業生産及び食料消費に関する指針として、農業者その他の関係者が取り組むべき課題を明らかにして定めるものとする」(第15条第3項)と述べている。

ほんらいは食料自給力の引き上げそのものを目標とすべきだったかもしれない。そこを比較的馴染みのある食料自給率に置き換えて目標としたと考えることもできる。この点は食料自給率の目標が漠然とした目標として一人歩きし、合理性を欠いた政策の露払いになるといった事態を避けるためにも、しっかり押さえておく必要がある。その意味では、2005年に閣議決定された2回目の食料・農業・農村基本計画に盛り込まれた次の一文は、政府自身の姿勢の表明として含蓄に富んでいる。

「食料自給率の目標を策定し、その達成に向けて、我が国の気候風土に根ざした持続的な生産装置である水田を始めとする農地や農業用水等の必要な農業資源の確保、農業の担い手の確保及び育成、農業技術水準の向上等を図ることは、国内の農業生産の増大や不測時における食料安全保障の確保につながるものであり、これらの取組を通じて国内農業の食料供給力の強化を図っていくこととする」

このときの目標は、2015年までにカロリー自給率で45%(2003年40%)、生産額自給率で76%(2003年70%)に引き上げるというものであった。ひとつの特徴は、2000年に設定された初回の目標のもとでは生産額自給率が参考値だったのに対して、2005年には正式の目標へと格上げされた点である。ところで、第1章で紹介したように、

2010年3月に閣議決定された自給率目標は「我が国の持てる資源をすべて投入した時にはじめて可能となる高い目標」だと述べて、10年後にはカロリー自給率で50%を目ざすとした。本当にこれほど高い目標を掲げて大丈夫であろうか。率直に言って、食料自給率は高ければ高いほどよいといったナイーブな議論に退行しているのではないかとの懸念を拭うことができない。

問題のひとつは、納税者であり、消費者であり、有権者でもある人々から十分な理解と協力が得られるかという点である。国家財政の危機的な状況が社会全体の共通認識になりつつある今日、政策に投入される財源に対する理解は従来にも増して重要である。この点について、2010年の基本計画は自給率目標の達成に必要な財源が1兆円程度になるとした。ただし、これは従来の品目ごとの支援水準を単純に拡大した場合の試算値であり、戸別所得補償をはじめとする民主党農政のもとで大きく変わる可能性もある。1兆円というアバウトな金額が示されただけでは、十分に説明が尽くされているとは言いがたい。

†マンパワーの重要性

食生活の展望を含めて、カロリー自給率50%の姿に関してどれほど具体的な検討が行われたかについても疑問なしとしない。例えば、国産小麦を倍以上に増産するとされているが、増産された小麦は喜んで消費者に受け入れられるであろうか。この点については、小麦の品種改良と適地への作付けがどれほどの拡がりで実現するかがポイントである。とくに品種改良は決定的に重要で、うどん以外の麺やパンに好適な品種の作出が急テンポで進展しないとすれば、消費者は大量にうどんを食べさせられることになりかねない。これまでのところ、国産小麦の主たる用途はうどんとお菓子なのである。逆に、国内で使われる小麦の6割近くを占めるパン用やその他麵用の小麦の98%は外国産である（2006年）。理由は単純だ。品種や栽培条件の面で、外国産の小麦のほうが適しているからである。国産小麦の品種改良が徐々に進んできた事実はある。けれども、10年間で小麦の用途の地図を全面的に塗り替えるだけの進捗があるとは考えにくい。

食料自給率の目標には、農業のパワーアップにつながる政策の裏付けが必要である。このとの本質は食料の供給力にあり、農業の資源の確保にあるからだ。ここで強調しておきたいのは、農業資源としてのマンパワーの重要性である。農地があっても、農業用水があっても、これを使いこなす人材が存在しないならば、宝の持ち腐れというわけである。というよりも、マンパワーが脆弱化するならば、農地や農業用水の確保も困難になる。このような因果関係が、すでに触れた耕作放棄地の増加や耕地利用率の低下の背景にある。

先ほど紹介した潜在的な食料供給力の試算は、農地面積を制約条件として、カロリー生産を最大化するかたちで行われていた。けれども、このままで推移するならば、脆弱化するマンパワーの制約条件によって食料供給力が低下する事態も考えておかなければならない。いや、すでにそうした状態が生じている可能性も否定できないのである。この点は次章で検討するテーマのひとつである。

†農業保護と国際規律

さて、高い自給率目標の実現に向かって歩み始めるとすれば、もうひとつの問題に直面することも覚悟しておく必要がある。それは政府が講じる農業保護政策に対する国際社会の反応である。さらに、この問題はふたつの論点に分けられるように思う。ひとつは保護政策の手法についてであり、もうひとつは保護政策の許容範囲についてである。政策の手法に関しては、第1章でも触れたように、国内の農業政策に対するWTOの規律が存在する。具体的には、ウルグアイ・ラウンドで合意された現行の規律のもとで、生産量や作付面積に応じて支払われる助成金は生産刺激的であるとして、強い制約のもとにおかれている。第6章でも触れるが、ウルグアイ・ラウンドの合意が国内政策のあり方にまで踏み込んだことの背景には、国内の保護政策が農産物の過剰問題を生み、それがEUとアメリカの農産物貿易摩擦につながったとの認識があった。

ＷＴＯの規律が存在する。これが現実である。規律を無視した政策を打ち出すとすれば、ドーハ・ラウンドに限らず、今後の国際交渉において何らかのかたちで問題視される事態も想定しておかなければならない。生産刺激的な政策を抑制する規律については、これまでの総量規制のスタイルから、品目ごとの上限設定というかたちで規律を強化する動きすらあることも忘れてはならない。もっとも、筆者はＷＴＯの規律だからと言って、金科玉条よろしく崇め奉るべきものだとは考えていない。むしろ、食料輸入陣営の観点から、生産刺激的な政策についてもある範囲では許容される方向で、規律の改善を求める必要があると思う。

問題は、改善を求めるロジックに説得力があるか否かであり、改善を求める声に同調する仲間を増やすことができるか否かである。仲間作りという意味では、経済成長とともに農業の地盤沈下と食料輸入の増加が見込まれるアジアの国々とのコミュニケーションがなによりも大切である。いずれはいわば一足先を歩んできた日本と同じ悩みを抱えることになる国々との対話だと言ってもよい。そういった対話の場において提起すべき論点が、農業保護政策の許容範囲をめぐるラインの引き方にほかならない。

†許容される保護と過剰な保護

各国の食料生産のどこまでについて、生産を維持するための農業政策を容認しうるか。

このタイプの議論はこれまでほとんど行われていないが、食料の基本的な特質を念頭に置くならば、食料全体をひとくくりにしたオール・オア・ナッシングの議論には無理があると思う。つまり、食料は絶対的な必需品として人間の生存に一定の量は不可欠であるが、これを超えた領域では贅沢品としての性格が優越するからである。必需品のレベルを超えた選択的な財としての食料についてであれば、市場経済のメカニズムにその生産と配分を委ねることに問題はないであろう。これに対して絶対的な必需品の領域については、かりに市場経済が、そしてその国際版である自由貿易が機能不全に陥った場合であっても、一定の必要量が確保されていなければならない。国として、そのための準備も怠ってはならない。食料安全保障の問題として論じたとおりである。

絶対的な必需品としての食料の生産力を確保するための政策手段は容認されてしかるべきである。ただし、抽象的な概念としてはともかく、現実にどのあたりに許容範囲の境界ラインを引くかとなると、ことはそう簡単ではない。この点については、1人当たりの潜在供給力で2000キロカロリーといったところがひとつの目安にはなるであろう。ちょうど現在の日本の食料自給力のポテンシャルに相当する。そして、国際社会において問題とされるべきは、絶対的な必需品の領域を超えたレベルで手厚く講じられている保護政策である。保護政策をめぐる真の問題は、食料安全保障の確保に必要なレベルを超えた過剰な農業保護政策だと考えることができる。

このような立論は、これまでのところ国際社会において必ずしも受け入れられているわけではない。けれども、2007年から08年にかけて生じた食料価格の高騰の中で、少なからぬ国が穀物の輸出禁止措置を講じた事実、そして国際社会がこれを容認した事実は重い。最大時には12カ国がコメや小麦の輸出を禁止したのである。禁輸措置を経験した現段階において、ミニマムの食料自給力の確保のための手段に対して理解を得られやすい状況が生まれた面も見逃せない。つまり、絶対的な必需品としての食料の輸出規制が容認されている事態は、反射的に、ミニマムの食料生産力を確保する手段の許容につながると考えることができる。食料の安全保障という人間の生存条件の根幹について、輸出国側と輸入国側で違いがあってはならないからである。

農業保護政策にも節度が必要である。許容されるべき農業保護政策と削減されるべき過剰な農業保護政策は区別されなければならない。この点に関わって、2010年に設定された50%という高い自給率目標に向かうとき、日本の農政が過剰な保護の領域に踏み込むことがないと言えるかどうか。国際社会に向けて説得力のある発信を行うためにも、この点はあらためて吟味してみる必要がありそうである。残念なことに、2010年の食料・農業・農村基本計画の検討のプロセスでは、国際的な視野からの議論がほとんど行われなかった。

第3章 誰が支える日本の農業

†後退する農業――高齢化と就業人口の減少

２０１０年11月26日、農林水産省は２０１０年2月1日現在で実施した「農業センサス」の結果速報を概数値として公表した。「農業センサス」はいわば農業に関する国勢調査で、5年ごとに実施されている。センサスとは全数調査という意味の英語で、「農業センサス」もすべての農家を調査の対象としている。また、「農業センサス」の2回に1回は、ＦＡＯ（国連食糧農業機関）の呼びかけによる農業の全数調査としても実施されてきた。２０１０年はその年に当たっていたため、「世界農業センサス」とも呼ばれている。10年間隔で農業の国際比較が可能な全数データが蓄積されてきたわけである。

人材の面で日本の農業の縮小傾向が加速している。２０１０年の「農業センサス」の結果でもっとも注目された点である。過去のデータと見比べながら、現在の状況を確認しておこう。まず表5から、農家数の減少に歯止めがかかっていないことがわかる。10年前に比べて2割減である。１９６０年を起点にとれば、農家数はほぼ4割に減った。とくに80年代以降に減少のテンポが加速している点も確認できる。農家数が減っているだけではない。農産物の販売額が年間50万円以上、あるいは農地面積が30アール以上の農家を販売農家というが、その減りかたは農家全体の数よりも急速である。過去10年間で3割減少して

表5 専業・兼業別農家数の推移

（単位：千戸、%）

		1960年	1970年	1980年	1990年	2000年	2010年
総農家戸数		6,057	5,342	4,661	3,835	3,120	2,529
販売農家戸数		–	–	–	2,971	2,337	1,632
実数	専業農家	2,078	831	623	473	426	452
	うち男子生産年齢人口のいる専業農家	–	–	427	318	200	184
	第1種兼業農家	2,036	1,802	1,002	521	350	225
	第2種兼業農家	1,942	2,709	3,036	1,977	1,561	955
	自給的農家	–	–	–	864	783	897
割合	専業農家	34.3	15.6	13.4	12.3	13.7	17.9
	うち男子生産年齢人口のいる専業農家	–	–	9.2	8.3	6.4	7.3
	第1種兼業農家	33.6	33.7	21.5	13.6	11.2	8.9
	第2種兼業農家	32.1	50.7	65.1	51.6	50.0	37.8
	自給的農家	–	–	–	22.5	25.1	35.5

資料：農林水産省「農業センサス」
注）販売農家とは経営耕地面積30a以上または農産物販売金額が年間50万円以上の農家。自給的農家とは販売農家以外の農家．専業農家とは世帯員のなかに兼業従事者が１人もいない農家。第１種兼業農家とは世帯員のなかに兼業従事者が１人以上おり、かつ農業所得の方が兼業所得よりも多い農家。第２種兼業農家とは世帯員のなかに兼業従事者が１人以上おり、かつ兼業所得の方が農業所得よりも多い農家。

いる。その結果、農家に占める販売農家以外の自給的農家、つまり生産物の出荷が皆無もしくは少額の農家の割合が36％にまで上昇した。表５の専業農家の数が直近の10年で反転増加しているが、この現象は高齢世帯員のみの専業農家の増加によって生じている。典型的には、兼業農家の世帯主が定年で勤め先を辞めた結果、統計の定義上は農業のみに携わる専業農家としてカウントされるかたちである。

農業生産に携わる人材は数が減少するとともに、高齢化している。表６には農家の世帯員と農業従事者の数の推移が示されている。農業就業人口が過去10年間で3分の2に減少したことがわかる。農家数や販売農家数以上に減少している。しかも、２０１０年の農業就業人口に占める65歳以上の割合は62％に達している。表7には、過去20年間の農業就業人口について年齢階層別の実数と割合を示しておいた。青年層の人数が急速に減っている点が目を引く。「農業センサス」の速報は農業就業人口の平均年齢も公表した。２０１０年の時点で65・8歳であった。10年前の61・1歳からさらに高齢化が進んだかたちである。日本農業の持続性に危険信号が点っている。

第2章でも述べたとおり、日本の農業には土地の制約をあまり受けずに規模を拡大してきた集約型農業と、消費の減退もあって生産の縮小を余儀なくされてきた土地利用型農業が併存している。とくに人材という点で危機的な状況を呈しているのが、土地利用型農業の代表である水田農業にほかならない。水田農業の現状については、この章の後半で詳しく述べることにするが、表7に示された農業全体の高齢化の進展には、水田地帯の農業者の高齢化が色濃く反映されている。販売農家の7割は水田作農家なのである。もうひとつ付け加えておくと、統計調査が簡略化されているため具体的なデータは得られないものの、自給的農家の大半は稲作農家である。

ところで、農業就業人口の減少と高齢化が急速に進んでいるわけだが、その原因は遠い過去の時点にあったと言わなければならない。つまり、農業就業人口の減少と高齢化は、

表6 農家世帯員と農業従事者の推移

（単位：千人、％）

		1960年	1970年	1980年	1990年	2000年	2010年
農家世帯員数		34,411	26,282	21,366	13,878	10,467	6,979
	65歳以上	2,835	3,082	3,330	2,709	2,936	2,380
	（割合）	8.2	11.7	15.6	19.5	28.0	34.1
農業就業人口		14,542	10,252	6,973	4,819	3,891	2,606
	65歳以上	−	1,823	1,711	1,597	2,058	1,605
	（割合）	−	17.8	24.5	33.1	52.9	61.6

資料：農林水産省「農林業センサス」
注）1990年以降は販売農家の数値である。1970年以前は沖縄県を含まない。「農業就業人口」とは15歳以上の世帯員（1990年以前は16歳以上の世帯員）のうち、自営農業のみに従事した者または自営農業とその他の仕事の両方に従事した者のうち、自営農業が主の者をいう。

表7 年齢階層別にみた農業就業人口

年齢階層	実数（千人）			割合（％）		
	1990年	2000年	2010年	1990年	2000年	2010年
15〜29歳	281	247	90	5.8	6.3	3.5
30〜39	470	192	87	9.8	4.9	3.3
40〜49	552	365	147	11.5	9.4	5.6
50〜59	1,077	523	358	22.3	13.4	13.7
60〜64	841	507	319	17.5	13.0	12.2
65〜	1,597	2,058	1,605	33.1	52.9	61.6
計	4,819	3,891	2,606	100.0	100.0	100.0

資料：農林水産省「農業センサス」
注）農業就業人口の定義については表6の注を参照。

30年、40年前に若者だった農家の子弟の大半が農業以外の職業を選択したこと、そして、その後も同じ傾向が続いたことによって生じている現象なのである。経済の高度成長が始まるまでに大人になった世代、とくに昭和一桁世代までは、農家の長男であれば農業を継ぐのが当たり前であった。世帯としての農家を継ぐことは、職業としての農業を継ぐことと同義だったのである。事実、昭和一桁生まれの世代は農業従事者の層の厚い世代であり、戦後の日本農業を支えた大黒柱であった。その昭和一桁世代のリタイヤが進む。評判の悪い表現を使えば、2009年には全員が後期高齢者となった。一方、引退する世代に代わるべき後継世代の先細り状態は、高度成長期以降の若者の就業選択の帰結であって、いまから時計の針を戻して変えることはできない。短期日のうちに事態を劇的に改善することも不可能である。

†転換期に打ち出された「新政策」

人口学的な因果関係があるわけだから、何らの手も打たないとすれば、こうした状況に立ち至ることは予見できたはずである。そのとおりで、政策当局も比較的早い時期から農業の人材確保について危機感をいだきはじめていた。そして、強い危機感を公式の文書として表明し、新たな農業政策に向けた姿勢を明らかにしたのが、1992年6月に公表された農林水産省の「新しい食料・農業・農村政策の方向」であった（以下、「新政策」と呼ぶ）。「新政策」は人材の確保について次のように述べている。

「より高い所得が得られる他産業への就業機会の拡大や経営の創意・工夫を生かし得ないこと、休日制、給料制の仕組みの欠如など労働条件面での遅れ、農村地域での生活環境整備の立遅れなどから農業に魅力を失った青壮年層が非農業部門に流出し、農業経営を担う者の確保の面で深刻な状況に直面している」

「新政策」が危機感を表明したのは人材の確保についてだけではない。食料自給率の低下傾向に歯止めをかけることも強調され、「可能なかぎり国内農業生産を維持・拡大」することが謳われた。第2章で明らかにしたように、農業生産が全般的な後退局面に移行したのも1990年代に入るころのことであった。さらに農政上の新たな要素として、農業生産条件の不利な中山間地域に対する政策や環境保全型農業の確立のための政策の必要性を提起した点も、「新政策」の特徴であった。ひとことで言うならば、農業と農業を取り巻く社会が大きな転換期を迎えたことが、異例の政策文書とも言える「新政策」を世に送り出す力になったわけである。

異例の政策文書であることは、1992年の時点で農政審議会という名称の審議会が存在していたにもかかわらず、これとは別に学識経験者などからなる「新しい食料・農業・農村政策に関する懇談会」を設け、農林水産省内にも「新しい食料・農業・農村政策検討本部」を設置した検討体制によく表れている。1961年の農業基本法をベースとする既存の法体系・政策体系からの脱却が強く意識されていたことは疑いをいれない。そもそも政策を食料政策、農業政策、農村政策の三つのジャンルに区分したこと自体が、「新政策」が打ち出した新機軸であった。

✝ウルグアイ・ラウンド対策費の苦い教訓

もうひとつ、「新政策」が策定・公表された当時は、ウルグアイ・ラウンドの農業交渉が山場を迎えていた時期でもあった。この点を農政当局も強く意識していたことは間違いない。次のような一文がある。

「可能な限り効率的農業を展開することを主眼としつつも、農業生産を維持し、国内供給力を確保するためには、一定の国境措置と国内農業政策が必要であることにつき、国民のコンセンサス及び国際的理解を得ていかなければならない」

国民のコンセンサスと国際的理解の重要性は、いまも変わらない。というよりも、逆走・迷走する農政を前に、また、国際社会への発信という気概に乏しい目下の農政を前に、内外の理解を得る努力の大切さをいまこそ嚙みしめてみるべきだと思う。

ただし、このように意欲的な姿勢を打ち出した「新政策」ではあったが、ウルグアイ・ラウンド後の国内農業政策のあり方について、その全体像が具体的に示されていたわけではない。この点は、「新政策」の公表とほぼ同じ時期に、当時のEC（欧州共同体）が思い切った農政改革のプランを策定し、1993年から実行に移したこととは対照的であった。EU（EC）の農政改革の流れについては、第6章で紹介する。

国内政策のあり方が十分に詰められていなかったことは、ウルグアイ・ラウンド終結後の日本の農政の混乱とも無関係ではなかったように思う。その象徴的な出来事が1994年の秋に決定されたウルグアイ・ラウンド農業対策費である。ウルグアイ・ラウンド合意の実施期間の6年間に総額6兆100億円を支出する計画で、実際には8年間にわたって継続される結果となった。対策費の多くは農業・農村整備などの公共事業に投入された。農業・農村整備の重要性を否定するつもりはないが、6兆100億円がウルグアイ・ラウンドの影響に関する冷静な分析と日本農業の強化に向けた緻密なデザインの上に決定されたとは言いがたい。むしろ、巨額の財政支出が政治的に決定され、その後に使途のリストを急いで整えたというのが実態であった。なかには温泉ランドの建設のように、まったく農業対策にはならない事業が含まれていた。そんなわけで、ウルグアイ・ラウンド農業対策費の顛末からはいまも苦い教訓を汲み取ることができる。

†農業の担い手と農地の集積

「新政策」を契機に新たな国内政策の具体化が進んだ分野もあった。それは農業の担い手の確保に向けた政策である。担い手という言葉も、農業政策に独特の表現である。農業に携わる人々のすべてが担い手だというわけではない。専業・準専業の農家や法人経営など、地域の農業を牽引する農業者を担い手と呼んでいる。この点に関する「新政策」のキーワードは「効率的・安定的経営体の育成」であり、そのための三つの基本方針が打ち出された。

第1に「自主性、創意・工夫の発揮と自己責任の確立に向けて、（中略）市場原理・競争条件の一層の導入をはかる政策体系に転換していく」ことであり、第2に「農業外の土地利用との区分を明確化しつつ効率的・安定的に農業経営を行う者に農地を集積し、優良農地の保全確保と効率的利用を図っていく」ことであり、さらに第3に「地域の意向を反映した形で、育成すべき経営体と土地利用のあり方を明確化するとともに、施策の集中化・重点化を図る」ことが掲げられた。この三つの基本方針は、その後の担い手をめぐる農政の流れをリードしたと言ってよい。

効率的・安定的な経営体という表現は、これだけでは意味不明である。「新政策」は個人や世帯を単位とする個別経営体と複数の個人や世帯が共同で農業を営む組織経営体を想定していたが、いずれも主たる従事者が他産業並みの労働時間のもとで、他産業従事者と比べて遜色のない生涯所得を稼得できることを目ざすとした。他産業並みの労働時間と生涯所得という点と、それが持続性を有している点をもって、効率的・安定的と表現したわけである。

なお、施策の集中化・重点化を掲げる一方で、「新政策」が「将来にわたり広範に存在するであろう土地持ち非農家、小規模な兼業農家、さらには生き甲斐農業を行う高齢農家などの役割分担の明確化を図ることが重要である」と述べている点にも留意する必要がある。土地持ち非農家とは、農業生産からは離脱しながらも、農地の所有者として村に残る元農家のことを指す。こうした元農家の存在も含めて、いま引用した文章には将来の日本の農村の具体的なイメージが込められている。たんに少数の経営を育成しようという単純なビジョンではなかったことを記憶にとどめておきたい。近未来の農業・農村のかたちをどのように構想すべきか。この論点には第5章でもう一度立ち戻ることにする。

†担い手を盛り立てる制度

「新政策」の打ち出した基本方向は、１９９３年に成立した農業経営基盤強化促進法のもとで政策として具体化される。この法律は、１９８０年に施行された農用地利用増進法を改正・改称したものであった。つまり、もともとの農地制度に関する条文の体系に担い手育成のための条文が加わったわけである。まず、農業経営基盤強化促進法は第1条で「効率的かつ安定的な農業経営を育成し、これらの農業経営が農業生産の相当部分を担うような農業構造を確立することが重要である」と述べている。「新政策」の効率的・安定的な経営体のコンセプトが「効率的かつ安定的な農業経営」という表現で、法律にも明記された。その上で同じ第1条は「農業経営の改善を計画的に進めようとする農業者に対する農用地の利用の集積、これらの農業者の経営管理の合理化その他の農業経営基盤の強化を促進するための措置を総合的に講ずる」とした。

このような目的を達成するための具体的な政策としては、認定農業者制度がスタートした点が大きい。認定農業者とは、農業経営基盤強化促進法のもとで市町村に経営改善計画を提出し、妥当であるとの認定を受けた農業者のことである。市町村単位で設定される

「効率的かつ安定的な農業経営」の水準に到達しているか、確実に到達する見込みがあると判断された場合に認定されることになっている。そして、認定農業者には農地の集積を促進するとされ（第13条）、農林漁業金融公庫（現在の日本政策金融公庫）は認定農業者に対する資金の貸し付けに配慮することも謳われた（第15条）。

なお、農地の集積という表現は農業経営基盤強化促進法で初めて用いられた。それまでは農地の流動化という言葉遣いであったが、集積と表現することで流動化する農地の行き先を明確にしたわけである。

認定農業者は制度発足直後の1995年には4万397件であったが、10年後の2005年には19万1633件に増加し、直近の2010年のデータでは24万9376件に達している。とくに2006年から07年にかけて3万件近くの増加が生じている。それまでの年1万件程度の増加傾向からジャンプ・アップしたわけであるが、これは後述する経営所得安定対策が2007年度に本格導入されたことが影響している。経営所得安定対策の要件として認定農業者であることが求められたからである。なお、2010年の時点で認定農業者の6％にあたる1万4261件が法人であった。

†基本法の理念——価格政策から経営政策へ

農地制度に重ねるかたちでひとまず具体化された「新政策」の担い手政策の理念は、1999年に施行された食料・農業・農村基本法（以下、基本法と呼ぶ）に明文化される。担い手政策は新たな基本法に位置づけられたことで、農業政策全体の柱のひとつとなった。すなわち、基本法は第21条で「国は、効率的かつ安定的な農業経営を育成し、これらの農業経営が農業生産の相当部分を担う農業構造を確立するため、（中略）必要な施策を講ずる」と述べた上で、必要な施策として農業経営の法人化の推進、農地利用の集積、農業生産基盤の整備、技術の開発と普及などを明記した。とくに目を引いたのは第30条の第2項であった。「国は、農産物の価格の著しい変動が育成すべき農業経営に及ぼす影響を緩和するために必要な施策を講ずる」とされていたからである。

この条文からふたつの意味を読み取ることができる。ひとつは、農業経営の収入や所得に関する政策について、育成すべき農業経営を念頭に講じていくという政策的な意志である。もうひとつは、このような政策構想の前提には価格の変動が従来以上に生じうるとの認識があったとみてよいことである。いま引用した条文の直前の第30条第1項には、こう述べられている。「国は、消費者の需要に即した農業生産を推進するため、農産物の価格が需給事情及び品質評価を適切に反映して形成されるよう、必要な施策を講ずるものとする」。この条文には「必要な施策を講ずる」とあるが、むしろ不要な施策を除去すると解したほうがよい。需給事情や品質評価を反映しにくいとの理由から、農産物の公定価格を取り払っていく意志を読み取ることができるからである。

事実、国による買入れや価格保証のかたちで講じられてきた農産物の価格政策は、買入れや価格保証の廃止とともに、次第に過去のものとなっていく。1994年の食糧法の施行でコメの政府買入れは備蓄用に限定され、2004年以降はその価格も入札によって決められることになった。また、加工原料乳の保証価格は2000年までで終了した。さらに小麦、大豆、でん粉原料用ばれいしょ、ビートなどの公定価格が2007年に一斉に廃止された。これは、先ほど認定農業者の動きに関連して触れた経営所得安定対策が、2007年度に本格導入されたことに伴なう措置であった。

基本法の理念をひとことで表せば、価格政策から経営政策への転換である。けれども、その具体化にはかなりの時間を要することになった。ふたつ理由がある。ひとつは、基本法の理念を施策に具体化するための制度として、食料・農業・農村基本計画を策定することとされていたが、2000年の第1回の基本計画では経営所得安定対策の方向性を具体的に打ち出すには至らなかったことである。「検討を行う」とされたにとどまった。基本法のもとで設けられた食料・農業・農村政策審議会に参加していた筆者の印象では、初回の基本計画に向けた議論は、期間が限られていたこともあって、食料自給率の数値目標の設定で手一杯といったところであった。政策転換に時間を要したもうひとつの理由、それはコメの生産調整の改革に政府がかなりのエネルギーを割いたことである。2002年から03年にかけてのことである。ただし、生産調整の改革が経営所得安定対策の足を引っ張ったということではなく、むしろ露払い役を務める必要があったというのが実態であろう。この点については次章で詳しく解説する。

†「ゲタ」と「ナラシ」

こうして時間は要したものの、2005年の第2回の基本計画において、経営所得安定対策の具体的な姿が打ち出された。関連する部分を引用しておく。

「複数作物の組合せによる営農が行われている水田作及び畑作について、品目別ではなく、担い手の経営全体に着目し、市場で顕在化している諸外国との生産条件の格差を是正するための対策となる直接支払を導入するとともに、販売収入の変動が経営に及ぼす影響が大きい場合にその影響を緩和するための対策の必要性を検証する」

政策文書特有の念には念を入れた書きぶりであるため、また、この部分のみを引用したことにより、意味をとりにくいかもしれない。補っておく。まず、対象は水田作と畑作とあるが、畑作としては北海道の畑作経営が想定されている。ふたつのタイプの支払いが考えられている。ひとつは輸入農産物とのコスト差を埋めるもので、この政策が導入される過程では関係者のあいだで「ゲタ」と呼ばれることになった。もうひとつは、価格変動による収入の低下を補うもので、同じく「ナラシ」と呼ばれた。引用の最後に「必要性を検証」とあるが、これは「ゲタ」が十分であれば、「ナラシ」は不要という場合もありうることから、この段階では「検証する」という表現にとどまっていた。実際には「ナラシ」と「ゲタ」のセットとなった。ただし、コメについては関税によって海外からの影響が遮断されているため、「ナラシ」のみが導入されることになった。

小麦・大豆・ばれいしょ・ビートを想定した「ゲタ」については、過去の作付け実績に応じて固定された支払いと、当年の生産量や品質に応じた支払いの組み合わせとなった。前者が7割程度となるように設計されたが、この部分は俗に「緑ゲタ」と呼ばれた。WTO農業協定は国内政策について、削減対象の黄色の政策と削減の対象とはしない緑の政策に区分しており、「緑ゲタ」の緑はWTOの規律に抵触しないという意味である。残る3

割程度は「黄ゲタ」。同様に「黄ゲタ」の黄は、WTO協定上の削減対象の政策であることを意味する。「黄ゲタ」の支払いは日本の農業においては増産や品質向上のインセンティブも必要だとの判断から設けられたが、はたして十分なインセンティブとして働いたかどうか。ここは検証が必要であろうし、第2章でも述べたように、農業生産の拡大に力を入れたい日本の実情にあった制度を導入するとすれば、国際的な理解を得る努力も必要であろう。

†経営所得安定対策の具体化

さて、基本計画は経営所得安定対策の対象に関して次のように述べている。

「対象となる担い手は、認定農業者のほか、集落を基礎とした営農組織のうち、一元的に経理を行い法人化する計画を有するなど、経営主体としての実態を有し将来効率的かつ安定的な農業経営に発展すると見込まれるものを基本とする」

集落を基礎とした営農組織は、通常、集落営農と呼ばれている。一定の条件を付してではあるが、集落営農を対象とすることで、小規模な兼業農家もその一員というかたちで、政策の傘下に入ることが可能になった。この点については、農協陣営の要求によって、政府がいわば譲歩して対象を広げる結果になったと見る向きもある。たしかに、審議会の議論においても、農協関係者の委員が強く主張していたことは間違いない。けれども筆者は、集落営農を対象とすることには合理的な根拠があったと考えている。ふたつの理由がある。ひとつは、多くの場合、集落営農では集落の農地をまとまったかたちでカバーすることになるため、個々の農家が規模拡大を行う際に直面する圃場の分散問題を、あらかじめ回避できる点である。もうひとつは、のちに詳しく論じるように、水田作農家の高齢化が著しい状況のもとで、集落営農の内部においてもリタイヤの急速な進行が見込まれ、農作業を中心的に担う人材の必要性が高まると考えられることである。集落営農の内部にも担い手が必要になるわけであり、集落営農には担い手のインキュベータ（孵化器）としての機能を期待できるはずなのである。

2回目の基本計画の閣議決定を受けて農林水産省は「経営所得安定対策大綱」を定め、翌2006年には「農業の担い手に対する経営安定のための交付金の交付に関する法律」（担い手経営安定新法）が成立する。経営所得安定対策は2007年度に本格的に導入され、従来の品目別の助成策は経営所得安定対策のもとに統合されることとなった。なお、「経営所得安定対策大綱」の中で農林水産省は、北海道では畑作・水田作とも10ヘクタール、都府県の水田作では4ヘクタール、集落営農については20ヘクタールの規模要件を提示した。基本計画の段階では「経営規模・経営改善の取組に関する要件等を具体化する」という表現にとどまっていた部分について、最終的に方針を固めたわけである。北海道10ヘクタールと都府県4ヘクタールは、「効率的かつ安定的な農業経営」に必要な規模の2分の1程度として設定されている。集落営農の20ヘクタールについては、明示的な根拠は示されていない。いずれにせよ、規模要件のハードルを設けた点が、その後の揺れる政治情勢の中にあって、農政をめぐる大きな争点として浮上する。

†民主党の戸別所得補償制度

経営所得安定対策は本格導入早々に強烈な逆風に見舞われる。2007年7月29日に行われた参院選で民主党が圧勝したからである。この選挙のマニフェストで民主党は、「農家に直接支払う「戸別所得補償制度」を創設して、農家が安心して農業に取り組めるようにします」と謳い、「米・麦・大豆・雑穀・菜種・飼料作物などの重点品目を対象に」、「原則として全ての販売農家に戸別所得補償を実施」することを公約した。自公政権下で導入されたばかりの経営所得安定対策に対するアンチテーゼであり、すべての販売農家が対象となる点に力点が置かれていた。

同時に、「農地を集約する者への規模加算、捨てづくりにならないための品質加算、棚田の維持や有機農業の実践など、環境保全の取り組みに応じた加算などを実施します」とされていたことも、民主党の農政の特徴を表している。戸別所得補償と加算措置からなる二階建ての直接支払いと解することができる。もうひとつ注目しておきたいのは、戸別所得補償が「農産物の国内生産の維持・拡大と、世界貿易機関(WTO)における貿易自由化協議及び各国との自由貿易協定(FTA)締結の促進を両立させる」ための政策としても位置づけられていたことである。少なくともこの時点においては、貿易自由化に前向きな民主党の姿勢が示されていたと言ってよい。

戸別所得補償制度は農業政策としての評価とともに、選挙戦のツールとしての観点からも評価しておく必要がある。もちろん、選挙戦を念頭におくことは大なり小なり、どんな政党の政策にも言えることではあろうが、戸別所得補償制度の提案が選挙戦における集票を非常に強く意識したものであったことも疑いをいれない。そもそも戸別所得補償という名称からして、異様といえば異様なのである。「所得補償」という表現は、農政の用語としてそれほど違和感を感じさせない。外国でも使われたことがある。異様なのは「戸別」である。いまでも、マスコミの報道には「個別所得補償」と誤って伝えているケースがときどきある。無理もない。「戸別」という単語は特殊なかたちでしか用いられないからである。それをあえて使っているのは、まさに1戸1戸の農家に配ることを強調したいからであろう。

この点に関しては、民主党の農政にも精通している田代洋一教授の推測が当たっているのではなかろうか。田代教授は、ご自身の著書の中で戸別所得補償制度を小沢一郎氏主導の政策だと見立てた上で、「「戸別」は「戸別訪問」からきていると密かに推測しています」と述べている。そう、これこそが特殊な用法にほかならない。教授は小沢氏が「候補者が一戸一戸「戸別訪問」するのが選挙の要諦、民主主義の原点として、戸別訪問禁止を厳しく批判」していることも紹介している。念のため付け加えておくと、2007年7月の参院選の時点で民主党の代表は小沢一郎氏であった。

戸別所得補償は農業政策のカテゴリーとしては、直接支払いの一種である。この場合の直接支払いとは、価格支持を通じて農業者の所得を支えるのではなく、財政からの支払いによって所得補塡を行うタイプの政策であることを意味している。これが国際的に共通する理解でもある。また、価格支持が消費者負担型の政策であるのに対して、直接支払いは財政負担型であり、したがって納税者負担型の政策でもある。この意味では、自公政権下で導入された経営所得安定対策も直接支払いであり、財政負担型の政策なのである。ところが、民主党の強調する直接支払いの「直接」には、もうひとつの意味合いが込められている。それは、農協などの組織を経由することなく、国から農家に対して直接に支給するという点にほかならない。この点は農政の手法に関する重要な問題提起を含んでいると考えられるが、選挙戦のツールという観点から評価するならば、自民党の集票基盤のひとつであった農協陣営にくさびを打ち込む意図があったとみて間違いなかろう。

†選挙対策農政

民主党の農政の進め方には、こちらが気恥ずかしくなるような臆面のなさが表出する場合がある。まさに選挙対策農政なのである。例えば、政権交代後のことであったが、2009年11月19日の日本経済新聞朝刊の記事。戸別所得補償制度の予算に関連して、圧縮したい財務省の姿勢を念頭に、当時の赤松農林水産大臣がこれも当時の小沢幹事長に直訴したことを伝えている。驚いたのは二人のあいだのやりとりで、「これを削れば選挙は戦えません」と訴える大臣に、幹事長は「そうだな、しっかりやってくれ」と応じたという。一国の食料と農業の最高責任者の発言が「選挙は戦えません」である。笑いごとでは済まされない。

また、同年12月17日の朝刊各紙は小沢幹事長率いる民主党の来年度予算への要望を1面トップで取りあげた。農業関連予算については、戸別所得補償制度の早急な導入と、そのための財源確保策として土地改良事業費を半減することが伝えられている。結局、土地改良事業費は対前年度比で6割減の大幅カットとなった。朝日新聞の表現によれば、土地改良予算のカットはそのまま「自民党対策」である。自民党の強力な支持基盤であった土地改良団体に対する兵糧攻めと言ってよい。

国政選挙との関わりでやや辛口のコメントを加えたが、2007年7月の参院選で民主党が圧勝した要因が選挙戦術の巧みさだけだったとは思われない。日本の社会に大きな揺り戻しが起きたというのが、開票結果に対する筆者の率直な感想であった。2005年の衆院選で大勝した自民党政治に対してきついお灸がすえられたわけである。自民党は勝ちすぎたのである。ホリエモンを持ち上げるような乱暴な小泉改革にブレーキがかかり、疲弊を深めていた地方の現実に対して国民の目が向かった点で、参院選の結果には歴史的な意味があるとも感じた。

農政をめぐる民主党の主張は、経営所得安定対策の導入をはじめとする農政の改革を小泉政権の改革路線と重ね合わせ、一刀両断式に批判するものであった。もっとも、この章で詳しく述べてきたとおり、事実の経過としてみれば、90年代初頭からの農政改革の歩みがいわゆる小泉改革と重なり合うところはほとんどない。けれども、与党の自民党の側に農政のあり方について丁寧に説明する姿勢が欠けていたことも否定できない。第1章でも触れたように、当時の安倍首相のもと、選挙戦で繰り返し強調されたのは「強い農業、攻めの農政」という一本調子のスローガンであった。具体的な提案として戸別所得補償を引っさげた民主党に軍配が上がった。

†スタートしたコメの戸別所得補償

民主党は2009年8月の総選挙でも圧勝し、いよいよ政権交代となった。その結果、戸別所得補償制度がコメを対象に2010年度からスタートすることになった。総選挙のマニフェストでは2011年度からの導入とされていたが、モデル事業という表現を用いながらも、事実上、全国をカバーする制度をコメについて先行導入することが決定された。先ほど紹介した赤松発言が物語るように、2010年に参院選が控えていたことから、ここでも選挙対策の観点が考慮されたことは想像に難くない。

そこで戸別所得補償制度の仕組みであるが、コメの販売農家に対して生産費と販売価格の差額を交付することが基本とされた。ただし、生産費とは農林水産省が毎年実施している統計上の生産費のことであり、販売価格はその年に取引されたコメの価格を意味する。もっとも、ひとことでコメと言っても、品種や産地によって価格には大きなばらつきがある。今回のコメに関する制度の特徴のひとつであるが、支払い単価算定の基準となる価格は全国一本の平均価格とされた。したがって、その年の米価が確定した時点で決まる支払い単価は全国一律の値となるわけである。なお、実際の支払い単価については、定額部分（10アール当たり1万5000円）と価格水準次第で追加的に支払われる変動部分のふたつからなることとされた。

さて、ここから先は戸別所得補償制度に関する農業政策の観点からの評価である。ただし、この章では水田農業の構造問題の見地、つまり規模拡大へのインセンティブとしての評価や、逆に小規模農業を維持する効果についての評価に限定することにする。コメの戸別所得補償制度は、コメの生産調整との関わりでも評価される必要があるが、この論点は次章で取り上げることにする。

まず、全国一律の単価は、当然のことながら、低コストのコメ生産が行われている地域に有利に働く。また、単価算定の基準となる価格の下げ幅は全国一本の平均値によって設定されるため、実際の下げ幅が小さい地域のコメ生産に有利に作用する。結果的に、低コスト生産の産地を後押しし、消費者から高い評価が寄せられている産地を後押しする効果を持つことであろう。このように政策効果に地域的な濃淡が生じる点で、戸別所得補償制度は自公政権下の経営所得安定対策よりもいくぶん競争促進的である。なぜならば、経営所得安定対策のもとで、コメの収入変動緩和策（「ナラシ」）の補塡単価は都道府県別に設定されていたからである（一部は県内をさらに地域区分)。つまり、価格の低下幅に応じて補塡が行われる仕組みであった。

では、地域内の水田農業の構造に対する効果については、どのように評価すればよいであろう。まず、民主党自身が提示している政策の目的を確認しておくことにしよう。ここでは2010年の3月に閣議決定された3回目の食料・農業・農村基本計画の関係する部分に着目する。全体的に民主党色の強い基本計画となったが、戸別所得補償制度についても、選挙のマニフェストの主張を引き継いで、小規模農業を維持することを可能にする制度である点が強調された。具体的には、「農業生産のコスト割れを防ぎ、兼業農家や小規模経営を含む意欲あるすべての農業者が将来にわたって農業を継続し、経営発展に取り組むことができる環境を整備する」と述べるとともに、こうした環境整備の骨格となる政策が戸別所得補償だとしている。

†兼業農家の実態

ここで考えてみたいのは、基本計画の言う「兼業農家や小規模経営」の実態についてである。2005年の「農業センサス」によれば、日本の農家の総数は285万戸、うち販売農家は196万戸であった。その差の89万戸が自給的農家である。基本計画の「兼業農

表8 水田作農家の規模別概況（2006年）

作付面積	水稲作付農家戸数（千戸）	同左割合（%）	経営主の平均年齢（歳）	農業所得	農外所得	年金等収入	総所得
				（万円）			
0.5ha未満	591	42.2	66.7	−9.9	256.5	239.2	485.8
0.5〜1.0	432	30.8	65.7	1.5	292.0	209.4	502.9
1.0〜2.0	246	17.5	64.6	47.6	246.4	153.8	447.8
2.0〜3.0	67	4.7	62.3	120.2	218.5	110.2	448.9
3.0〜5.0	39	2.8	61.4	191.0	180.8	113.2	485.0
5.0〜7.0	21	1.5	58.3	304.5	147.5	68.2	520.2
7.0〜10.0			58.7	375.6	115.9	77.9	569.4
10.0〜15.0	5	0.4	55.7	543.3	151.1	48.9	743.3
15.0〜20.0	2	0.1	52.6	707.4	69.7	45.1	822.2
20.0ha以上			53.3	1,227.2	116.2	52.8	1,396.2

資料：農林水産省「農業経営統計調査」「農林業センサス」
注）農業にタッチしない世帯員の所得は、一部を除いて表の所得の欄には含まれていない。

家や小規模経営」は、「経営発展に取り組む」といった表現もあることから、販売を行う農家だと考えてよいであろう。そこで、水田作の販売農家の現実の姿を作付け規模別に示してみると表8のようになる。

水田作に限定すると、販売農家は140万戸である。言い換えれば、販売農家196万戸の7割は水田作の農家なのである。そして、表8で確認できるように、その73％にあたる102万戸が作付面積で1ヘクタール未満である。小規模農家のイメージと重なるのは、この規模の水田作農家だと言ってよい。しかるに、102万戸を数える小規模農家の経営主の平均年齢は60代の後半に達している。農業所得もほとんどゼロないしはマイナスなのである。

作付けが1ヘクタールに満たない102万戸の水田作農家は、小規模農家のイメージに重なるとともに、生産調整参加が条件ではあるが、コメで先行導入された戸別所得補償の支給の対象でもある。このような意味からすれば、2010年の基本計画のいう「兼業農家や小規模経営」の中心は1ヘクタール未満層の水田作農家と考えてよいはずである。けれども、現実には高齢化が進み、農業所得もゼロないしマイナスの実態がある。こうした小規模農家に対して支給されるコメの戸別所得補償は農業経営上どれほどの意味を持つであろうか。定額部分の10アール当たり1万5000円を前提にすると、水田面積50アールの農家では3万円の給付である。平均で水田の4割が生産調整であるから、コメの生産は30アールであり、そのうち自家飯米用として10アールは制度上不支給だからである。結局、20アールが支給対象であり、合計額は3万円となる。同じ条件のもとで同様の試算を行うと、1ヘクタールの農家で7・5万円の給付となる。

年間3万円や7万円程度の支給額で、この層の水田農業の持続性を高めることができるとはとても考えられない。すでに高齢化が進んでいるから、持続性を高めるためには息子や娘の世代の農業への関与が強まる必要があるが、わずかな戸別所得補償で一念発起というケースが各地に族生するとも考えられない。一方、平均以上の規模の水田農家に対しても、生産調整に参加しているならば、戸別所得補償は支給される。したがって、農業の構造に対するインパクトの観点から評価するならば、戸別所得補償自体はいわば中立的な政策であるとみることができる。

もちろん、政策が中立的であることは、それが望ましい政策、求められている政策であることを意味するわけではない。水田農業の担い手の先細り状態が懸念されたからこそ、政権交代前の農政は担い手に対する支援を厚くする方向を模索してきたわけである。いまや懸念どころか、水田農業の持続性に危険信号が点滅していると言ってよい。水田農業の持続性の回復という観点に立つとき、農業構造に対して中立的と評価した民主党政権の戸別所得補償ではあるが、前政権下の政策に比べて明らかに後退している。

†リスクファクターと化した農政

ときおり、戸別所得補償が小規模農家に支給される点について、非効率な兼業農業が温存されるといった批判の声が上がる。わかりやすい図式ではあるが、筆者の見るところ、このタイプの批判は戸別所得補償の効果を過大に評価しているように思われる。もう少し筆者自身の印象を述べるならば、小規模農家の維持に明瞭な効果が期待できないという感触は、民主党の政治家にも、とくに農業の実態に通じている政治家の中にもあったのではないか。それでも、選挙のキャンペーンでは小規模農家、兼業農家の継続が強調されてきたことは事実である。だとすると、選挙対策の建て前と農業の実態に根ざした本音が使い分けられていたわけである。

ただし、かりに本音は別のところにあったとしても、小規模農家の継続が繰り返し強調されることが、担い手や担い手候補の農家の頑張りにブレーキとして作用しかねない点にも注意が必要である。なぜならば、規模の拡大を考えていた農家にとって、小規模農家の継続は借りるべき農地が現れない状態を意味するから、本当にそんなことが生じるかどうか、しばらくは様子見が賢明ということにもなるからである。当面は機械や施設への投資は控えようという心理も働くであろう。

未来に向けた意思決定に確信が持てなくなるわけである。その意味では、そもそも方向性の定まらない農政ほど、専業・準専業の農家にとって迷惑な話はない。少なからぬ人材の雇用に責任を持つ法人経営にとっても、しかりである。もともと自然相手の農業にある程度のリスクはつきものである。ところが近年の日本の農業に関する限り、農政の迷走状態のほうが深刻なリスクファクターとして立ち現れている。人為的なリスクファクターとしての揺れる農政である。

†揺れる民主党農政

この章では、1990年代初頭から2009年秋の政権交代までの期間について、農政の枠組みの変化についてトレースしてきた。とくに2009年の政権交代によって、それまでの農政の路線が否定されたことを詳しく紹介した。また、第1章では、同じ民主党政権のもとにおいても、農政の方向に大きな振れが生じつつあることを紹介した。まさに迷走続きの農政と言ってよい。しかも、このように同じ政権党のもとで農業政策にブレが生じる事態は、民主党政権に特有の現象というわけではない。次の章で紹介することになるが、自公政権の末期の農政にもやはり大きな揺り戻しが生じたことがあった。ただし、民主党の農政がもともと安定感を欠いていた面も否定できないように思う。

過去10年ほどの民主党の主張を振り返ってみると、一貫しているのは農業・農村の公共事業に対する厳しい姿勢である。この点にブレはない。もうひとつ、農産物の価格支持による消費者負担型農政から財政による直接支払いを軸とする農政への転換という点についても、基本的に変化していない。ところが、財政による支援策の対象に関しては、スタンスが180度と言ってよいほど大きく変化した。農業政策の要の部分について、民主党のコンセンサスのレベルは低いとの印象を拭うことができない。

民主党は1999年の食料・農業・農村基本法に賛成した。基本法の施行から間もない2001年に行われた参院選の公約では「農産物自由化の影響を最も大きく受ける専業的農家」に対する所得政策を強調している。また、2003年の総選挙のマニフェストには「食料の安定生産・安定供給を担う農業経営体を対象に（中略）直接支援・直接支払制度を導入」とあった。表現はやや抽象的になったものの、直接支払いの対象を限定する方針は維持されていたと考えられる。

ところが、2005年の総選挙で民主党農政は変身する。直接支払いの対象をすべての販売農家とする方針に転換したのである。また、2007年の参院選から戸別所得補償制度という独特の呼称が使われることになった。2009年の総選挙のマニフェストでは、「小規模経営の農家を含めて農業の継続を可能と」することを目的とし、「農畜産物の販売価格と生産費の差額を基本とする」支払いを実施することを謳い上げた。これがどんな政策であるかについては、この章で詳しく述べたとおりである。

逆走・迷走の農政から脱却する必要がある。筆者はそう考える。ただし、脱却するためには、なぜ逆走・迷走が生じているかについて、その原因を直視することも大切である。ひとつには、選挙の集票効果が強く意識される中で、ライバル政党との政策の違いを際立たせるための差別化がはかられてきた点がある。しかも、近年の差別化は農家の耳に入りやすいかたちで行われてきた。農家の耳に入りやすいだけではない。農家を大切にすることを標榜する政策は、農村を身近に感じている地方都市の住民からも共感を得やすいと言ってよい。

問題は、農業の実態がどこまで正確に理解されているかである。正確な理解のもとで共感が寄せられた政策であればよいが、そうではないとすると、新たな政策への失望の反動で別の誤解に支えられた正反対の政策が誕生することにもなりかねない。ごく平凡ではあるが、いま必要なことは現実の農業に関する偏りのない理解の醸成であり、日本の農業にできること、できないことを見極める作業である。農村住民と都市住民の双方に対して、農業・農村の現状とあるべき姿について、ていねいに説明することも大切である。これが逆走・迷走の農政に終止符を打つための近道だとも思う。

†職業としての水田農業

表8をもう一度見ていただきたい。作付面積で1ヘクタール未満の農家が102万戸であった。1ヘクタールは1万平方メートル。一辺が100メートルの正方形の面積である。けっこう広いと思う読者もおられることであろう。けれども、土地利用型農業の場合、1ヘクタールの規模で職業として農業を営み、家計を支えていくことは不可能である。戦後

しばらくの時代、つまり日本社会の所得水準が現在よりはるかに低位にあった時代には、1ヘクタールの水田農業でも職業として成り立っていた。というよりも、1ヘクタールの農業が標準的な規模であった。1950年に終結した農地改革で生まれた戦後自作農の平均規模が1ヘクタール弱だったのである。

それから60年。第2章で紹介したように、高度経済成長がスタートした1955年を起点として、半世紀後の2005年の1人当たりの実質所得は7・7倍に上昇した。半世紀のあいだに、この国の人々は8倍の物やサービスを生産し、8倍の物やサービスを消費するようになったわけである。農業の経営規模の拡大も急速に進んだ。ただし、それは畜産や施設園芸に代表される集約型農業と北海道の土地利用型農業のことであって、都府県の水田農業の規模に目立った変化はなかった。表8からもわかるように、規模を拡大した水田作農家も存在するが、その割合はごくわずかにとどまっている。

1ヘクタールに満たない規模の水田作農家を経済的に支えてきたのは、農業以外の仕事による所得である。また、時がたつにつれて年金による所得の割合も上昇している。高齢化が進んでいるからである。農業以外の仕事にも従事している農家を兼業農家と呼ぶ。戦後の都府県の水田地帯の農家の多くは、兼業農家として生計を立てる道を選んだわけである。経済成長とともに農村部にも雇用機会が広がったことも、兼業農業を支えた社会条件として見逃せない。さらに、1960年代後半に登場した田植機の普及によって、小さな兼業農家でも使いこなせる小型の機械化体系が整えられたことも大きい。もうひとつ付け加えるならば、世帯内で消費されるコメや親類などに贈与されるコメの割合が高い点も、小規模稲作の継続を促す要因として作用したはずである。

こうしたいくつかの条件のもとで、都府県の水田作農家の多くはさしあたり小規模な稲作を継続する選択を行ったわけである。安定兼業農家というライフスタイルは、戦後の経済成長に対する農家の合理的な適応行動の結果にほかならない。したがって、小規模な兼業農家が概して経済的な弱者であるというわけではない。この点で、表8の読み方には注意が必要である。というのは、注でも述べておいたが、表中の所得の欄には基本的に農業関与者（農業経営主夫婦と60日以上農業に従事した世帯員）の所得のみが計上されており、世帯全体の所得が把握されているわけではないからである。また、世帯員の人数の違いにも留意する必要がある。本格的な農業を営んでいる農家ほど家族の人数が多い傾向が認められるからである。ちなみに統計によって農家の世帯員全体の所得が把握されていたのは2003年までであり、2003年に至る5カ年について世帯員1人当たりの平均所得を求めてみると、主業農家181万円、準主業農家204万円、副業農家213万円であった。所得に占める農業のウェイトが高いほど、1人当たりの総所得は少なくなるのである。

水田地帯の兼業農業は安定的な存在であった。息子や娘の世代が恒常的な勤務先で仕事に従事し、親の世代が家の農業を守るかたちである。とくに昭和一桁生まれの層の厚さは日本農業のひとつの特色であった。ところが息子や娘の世代になると、農業への関与は著しく弱くなる。昭和一桁世代の引退は、ハウスで苗を準備し、田んぼの稲の管理を担当していた人材のリタイヤを意味する。多くの場合、兼業農家を引き継ぐのは、田植機はかろうじて操作できるものの、機械の故障や稲の病気にはお手上げの団塊世代以降の世帯員である。このような状況のもとで、農家の数自体も急速に減少しつつある。

裏返せば、農地を貸し出す農家が増加している。このトレンドは今後ますます強まるに違いない。問題は、この農地を引き受ける側の農家の動きが全体として弱いことである。つまり、農地が貸し出される状況は規模拡大のチャンスという面があるにもかかわらず、このチャンスが十分に生かされていないわけである。広い面積を耕作する農家の数は限られている。例えば作付面積が10ヘクタールを超える水田作農家は、7000戸に過ぎないのが現実である。

†水田農業の近未来

ところで、マスコミではよく大規模農業、あるいは大規模経営という表現が使われる。

水田農業の場合であれば、いま着目した10ヘクタールの農家であれば、ほぼ例外なく大規模と形容される。平均規模を大幅に上回っているからである。けれども、表8からわかるとおり、農業所得の水準という点では、10ヘクタールの水田農業は農業以外の勤労者と肩を並べることができるかどうかといったところなのである。しかも専業農家の場合、夫婦二人が農業に従事するのが普通であり、親子二世代で働いているケースも少なくない。とても高所得などとは言えない。ちなみに、表8は2006年の水田作農家の経済状態に関するデータに基づいているが、同じ年の勤労者世帯の平均収入は年間630万円であり、このうち世帯主の定期収入は431万円であった。

10ヘクタール程度の水田作農家を大規模農家などと表現すべきではない。このレベルの規模の農業経営について、これを標準的な農業と呼べる状態を作り出すことこそが求められているのである。少なくとも数集落に1戸は専業・準専業の農家が活躍し、その周囲には兼業農家や高齢農家などがそれぞれのパワーに相応しい農業を営むかたち。これが近未来の水田農業の基本的なビジョンだと思う。もちろん、10ヘクタールを超えて規模を拡大する農家もあってよい。現に、数こそ少ないものの、都府県にも20ヘクタール、30ヘクタールといった規模の水田作農家は存在する。規模が拡がるにつれて、専従者の数が増加するのが普通であり、常雇いのかたちで雇用労働を導入している専業農家もある。

†経営規模とコスト

農業の規模については、アメリカの農場並みの規模に到達することで、日本の農業の競争力も飛躍的に向上するといった議論もある。つまり現在の日本の農家の100倍の規模に拡大するというわけである。筆者は、日本の社会にとって農村のコミュニティを引き継ぐことが大切だと考えており、広い農村にぽつんぽつんと大規模経営が散在するようなビジョンには賛成できない。この点については第5章でじっくり考えてみたい。同時に、そもそもそうした規模拡大で生産性が飛躍的に向上するという立論自体に無理があるとも判断している。もちろん、コストダウンは可能である。けれども、そこには限界も存在する。

図2には、稲の作付面積と平均費用の関係が都府県と北海道について示されている（2008年）。作付面積が広くなるにつれて1俵（60キログラム）当たりの費用は低下していく。規模拡大はコストダウンにつながるわけである。けれども、コストダウンの効果が現れるのは10ヘクタール程度までの規模であって、それ以降のグラフはほぼ横ばいになる。規模を拡大しても生産費は低下しないのである。ふたつの理由がある。第1に、規模の拡大につれて圃場の遠距離化、分散化が生じがちなことである。貸し出しを希望する農地は、借りる側に好都合な場所に位置しているとは限らないからである。このこともあって、農

図2 稲作の規模と平均費用（2008年度）

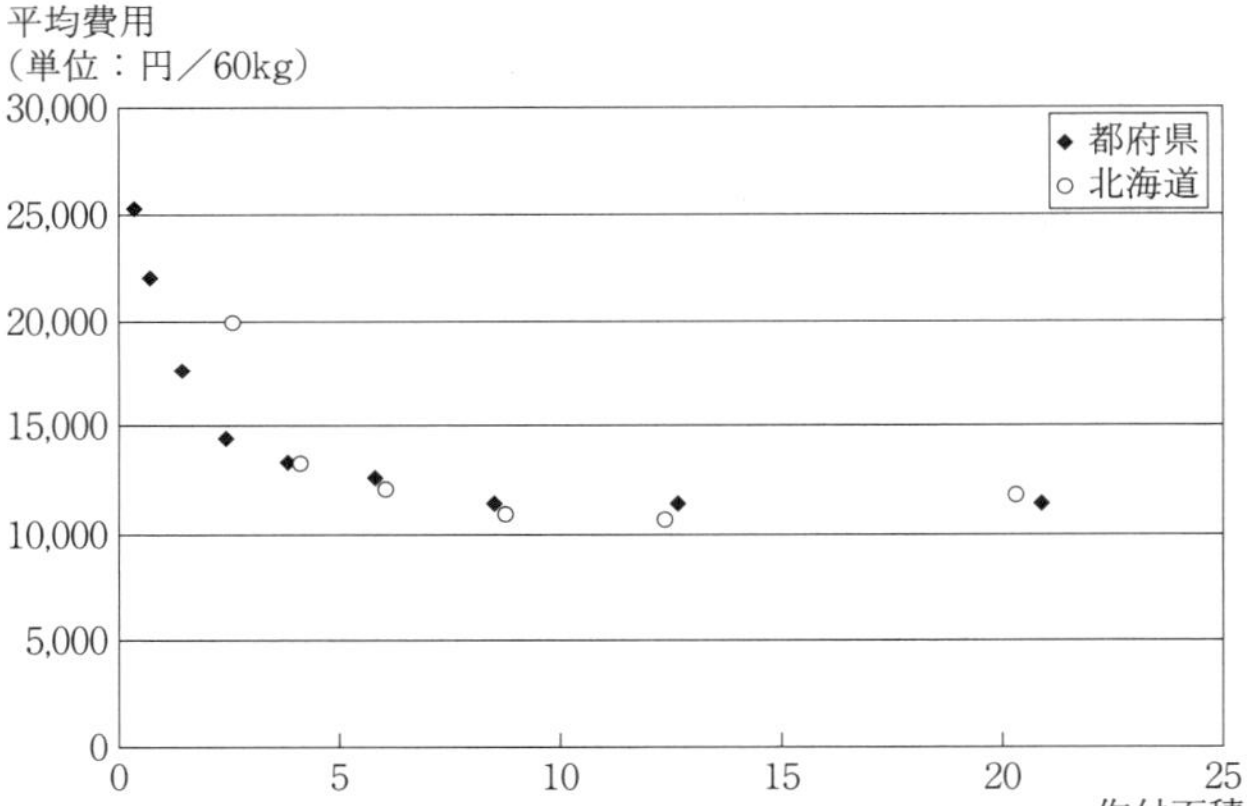

資料：農林水産省「米及び麦類の生産費」
注）平均費用は資本利子・地代全額算入生産費。

地を場所的に集約することは農地政策の重要なテーマである。

10ヘクタール前後でコストダウン効果が消失するもうひとつの理由は、稲作の作業に適した期間が限られていることである。例えば田植えが可能な期間は、地域にもよるが、普通は20日程度、長くても1カ月を超えることは難しい。むろん、ただ植えるだけであれば可能である。けれども順調な生育に適した田植えの時期は限られている。田植えの適期を逃した稲には温度や日照が十分に確保されず、したがって、まともな収量や品質も期待できない。言い換えれば、人手と作業機械の制約がある中で無理に作付け規模を拡大するとすれば、適期外の時期に田植えを行うことになり、それは収量や品質の面で生産物の低下を招き、かえってコストアップ要因として作用しかねないのである。農地がまとまっている北海道の場合にもコストダウン効果が10ヘクタール前後で消失していることの背景には、こうした土地利用型農業に特有の作業適期の制約がある。

もちろん、この点についても克服のための技術革新のトライアルが続いている。とくに、田植機で苗を移植するのではなく、種籾を直接圃場に播きつける直播と呼ばれる方法に注目が集まっている。従来からの移植栽培と新技術の直播栽培を組み合わせることで、作業適期の拡大も期待できる。ただ、直播に伴って繁茂しやすくなる雑草への対処などの課題もあって、現時点では全国的に普及するには至っていない。

現在の標準的な技術体系を前提にすると、おおむね10ヘクタールの作付面積でコストダウン効果は消失する。言い換えれば、10ヘクタールの規模に到達すれば、日本の条件のもとではベストの状態の稲作が実現しているわけである。平均して水田の4割が生産調整のもとにあることを考慮するならば、耕作する水田全体の面積としては15ヘクタールから20ヘクタール程度の規模でベストの状態と考えてよいであろう。しかるに、そのベストの状態に到達しても海外のコメの生産コストとのあいだにはなお開きが存在する。あまり愉快なことではないが、これが現実の姿なのである。

10ヘクタールに到達すればベストの状態だが、実際には平均で1ヘクタールに満たない規模にとどまっている。これも日本の稲作の実態である。もっとも同じ水田農業でも、生産の集中が進んでいる作物もある。生産調整のもとで稲作を行わない水田では、麦や大豆の作付けが多い。この麦や大豆の作業の大半が専業・準専業の農家や組織的な営農、つまり集落営農や法人経営によって支えられている。自公政権下で導入された経営所得安定対策のカバー率をみても、コメでは3割程度にとどまったのに対して、麦や大豆はほぼ100%であった。つまり、麦や大豆の生産プロセスの大半は、規模要件をクリアした農家や法人経営や集落営農、つまり担い手層によって支えられているのである。小規模農家のシェアの大きい稲作とは対照的である。

理由は明瞭である。なによりも麦と大豆の両方に使用可能な収穫機（汎用コンバイン）に代表される大型機械が威力を発揮していることである。また、生産調整下で講じられてきた麦や大豆の生産奨励措置が集団的な生産体制を促したことや、2007年に本格導入された経営所得安定対策が、麦や大豆の生産プロセスの組織化を後押ししたことも間違いない。さらにもうひとつ、先ほども触れたとおり、コメについては自家消費や贈答用に使われることも多く、小規模な生産を継続するインセンティブとなっている面があるが、今日のほとんどの農家は麦や大豆を市場に出荷する。したがって、小規模農家の中には、稲作は続けるけれども、転作作物である麦や大豆の生産は近隣の専業・準専業の農家や営農組織に委ねるというケースが少なくない。

†大型法人経営の強みとは

この章では10ヘクタール程度の規模で稲作の効率はベストの状態に達すると述べた。また、このレベルを超えた規模拡大はさほどコストダウンをもたらさないとも述べた。しかしながら現実には、少数ながら家族経営でも30ヘクタール、40ヘクタールの規模の水田作が存在する。法人の場合には、100ヘクタール、200ヘクタールの経営も展開している。矛盾するかのように見えるこの現象については、次のように解することができる。すなわち、法人経営であれば、かなりの数の常雇いの人材を擁しており、作業機械も複数のセットを保有するかたちがとられている。家族経営の場合も、30ヘクタール、40ヘクタールのクラスになると、親子二世代が農業に従事し、あるいは常雇いの人材を受け入れるなど、働き手が潤沢な場合が多い。つまり、こうした多数の働き手を擁する水田作経営の場合、田植えや稲刈りといった繁忙期には、複数の作業ユニットが同時並行的に仕事を進めるかたちがとられているのである。

100ヘクタール、200ヘクタールともなれば、機械の大型化や生産物を収納する建物の効率的な利用など、追加的なコストダウン効果もある程度は働くことであろう。けれども、筆者の見るところ、こうした規模のメリットにも増して大型法人経営の威力が発揮されるのは、農産物の加工や販売の領域においてである。100ヘクタールを超える規模であれば、加工する作物の種類と量を増やすことができるし、直売の店舗を維持するだけの売り上げの確保も期待できる。さらに、従業員として加工や販売の領域に強い人材を雇うことも可能である。こうした強みを発現できるところに、大型法人経営の特徴があると言ってよい。

農業経営が加工や販売に多角化することについては、法人であるか否かを問わず、それ自体として重要な意味合いがある。すなわち、加工や販売は農業の川下の分野の付加価値を引き寄せる取り組みであり、同時にみずから値決めが可能な製品を作り出すことにもつながっているのである。こうした多角化戦略も、日本農業の活路のひとつであると言ってよい。この点については、第5章で詳しく論じることにしたい。

第4章 どうするコメの生産調整

†水田農業の二層構造

日本の土地利用型農業、とくに水田農業はふたつの層から成り立っている。図3のような二階建ての構造だと言ってもよい。上の層は市場経済との絶えざる交流のもとで営まれる層であり、いわばビジネスの層である。兼業農家の稲作のように小さな規模のビジネスもあれば、会社組織による大型の農業ビジネスもある。いずれも、肥料や農業機械その他もろもろの生産資材を市場で調達し、コメや麦や大豆といった生産物を市場で販売する点では共通している。だから、ビジネスの層というわけである。市場経済との濃密な交渉のもとにある点で、水田農業も製造業やサービス業と変わるところはない。

ところが、ビジネスの層だけでは完結しないところに水田農業の特徴がある。上層を支える層を必要としているのである。すなわち、基層とも言うべきもうひとつの層は、農業用水をはじめとする資源の調達のためにある。農道を良好な状態に維持しておくことも、この層の大切な機能である。あるいは集落の集会所のメンテナンスも、地域の農業生産を支えている面がある。集会所の寄り合いで、集落のその年の農業生産に関する取り決めや連絡が行われることも少なくないからである。

上層が市場経済に組み込まれた層であるとすると、基層は農村のコミュニティに埋め込

図3 土地利用型農業の二層構造

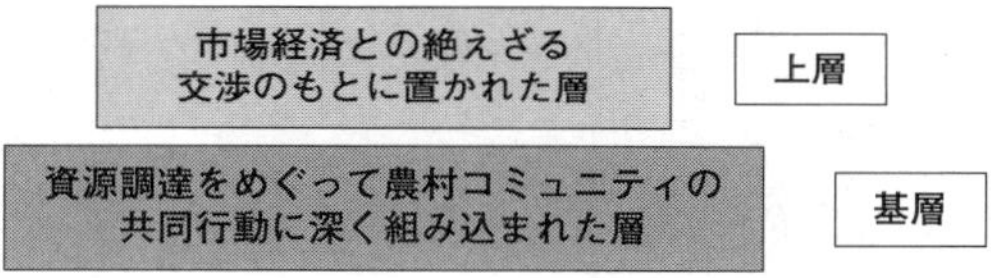

まれた層であり、コミュニティの共同行動として機能する層である。典型的には、水路の維持管理作業をあげることができる。代掻きと田植えのシーズンを前に、どの水田地帯でも用水路の浚渫・泥上げの作業が行われる。その年の農業用水の確保に支障が生じるようでは困るから、浚渫・泥上げは大切な仕事である。耕作面積の大小とは関わりなく、それぞれの農家からひとりずつ出役する方式が一般的である。また、作業日は休日の午前中に設定されている場合が多い。ウィークデーは職場に勤務している兼業農家が多いからである。

農業用水に限ったことではない。農道しかり、集会所しかりである。身の回りの資源や施設については、みずからの手で管理し、必要な場合には補修のための作業も行う。このような共同の営みは、日本の農村地帯では、百年単位の時間の流れのなかで連綿と受け継がれてきた。いまなお、この伝統は生きている。農村の良さのひとつであると思うし、都会が学ぶべき点であるとも思う。多くの都会では、身の回りの設備や住環境の保全に住民が直接タッチする場面はほとんどなくなった。その分だけ行政の出番が増えたというわけである。施設の近代化が進んで、住民参加の必要性が少なくなったという面もある。例えば道路ぎわの側溝。いまではほとんどが暗渠化されている。

†農村コミュニティの二面性――減反がもたらした亀裂

コミュニティに埋め込まれた伝統は農村の良さであり、都会は学ぶべきだと述べた。この気持ちに偽りはない。けれども、およそこの世の仕組みで何から何までよいことずくめ、などということはまずあり得ない。これが現実である。さまざまな機能を支える点で合理的な面を持つ農村のコミュニティも、ひとつ間違えば、個人に対する抑圧のメカニズムに転化する。悪しき集団主義の発現とでも言えばよいだろうか。あるいは、いったんコミュニティの内部に亀裂が生じた場合、その修復に大変なエネルギーを要することも少なくない。内部に亀裂と簡単に述べたが、農村は毎日のように顔を合わせる緊密な定住社会である。亀裂に直面することになった当事者たちの負担には、メンタルな面を含めて想像以上のものがあるはずだ。

個人を抑圧する集団主義やコミュニティの深刻な亀裂が、農村社会の内部から発生するとは限らない。ときには外部から亀裂の種が舞い込んでくる。農業政策が引き金になることもある。なかでも日本の農村社会に大きな爪あとを残したのが、コメの生産調整政策であった。いわゆる減反である。「残した」、「であった」などと過去形で語るにはまだ早いかもしれない。のちほど詳しく説明するとおり、政権交代に伴って生産調整の方式にも変化が生じている。しかしながら、今後の生産調整政策がどのような道筋を辿るかについては、依然として未知数の要素が残されているからである。

「減反を促すために、農協の職員、役員、地域の役職員が毎日自宅へ説得に訪れ、圧力をかけてきました。また、村の人々も私の行動を悪し様に、本人にではなく父母に言い立てました。父母はそれを自分たちの胸に秘め、子である私に直接話せなかったことが分かり、その心情を思うと心が痛みます」

「自分たちが住む農村集落を守り、築いていく手段であれば、減反協力はやむを得なかったのかと思うが、先祖が延々と築き上げてきた農村集落の絆を利用して減反を強いられたことは、連帯意識を悪用した卑劣極まりない行為だったのではないか」

「この攻撃の凄まじさは、農村に居住して農業を行っていない人には恐らく想像もできないでしょう。少数者である減反不参加者は、部落の会合に呼ばれなくなったり、会合に参加しても誰も話さないということはざらで、共同で行わざるをえない農作業にも不都合をきたし、また、子どもの学校や地域での生活まで嫌がらせを受け、就職や進学にまで悪影響を及ぼす羽目になります」

「青年部の飲み会に出ると、「国賊」とののしられもしました。当時、就任していた村の役職からはすべて外されました。（中略）自分が共同体に寄せる思いと、共同体からのしめつけから孤立感にさいなまれ、毎年、転作割当面積が配分されてくる春先は、精神的に相当参りました」

いずれも生産調整に参加していなかった農家の証言であり、2002年に刊行された『減反裁判記録集』から引用した。この記録集はタイトルに『とりもどそう！　日本の田んぼを！　自由な農業を』とある。「自由な農業を」というフレーズに、日本のコメの生産調整政策の負の側面が凝縮されていると言ってよい。

生産調整に参加している農家の側にも言い分はある。ひとことで言えば、不公平というわけである。例えば、地域に割り当てられた減反面積が未達成だと、その地域を農業関係の補助金の対象から除外する措置がとられたことがあった。こうしたペナルティを回避するために、参加しない農家の減反分も引き受けさせられるとすれば、参加側の農家に不満がつのるのは当然であろう。また、のちほど触れることにするが、コメの価格に対する政府の関与の度合いが徐々に弱まる中で、生産調整は価格維持のための政策としての色彩を強めていった。一種の政府公認のカルテルとしての性格が前面に出てきたと言ってもよい。こうなると、生産調整に不参加の農家に対しては、生産調整の米価維持の効果にただ乗りしているとの批判が向かうことになる。カルテルの抜け駆けだというわけである。

コメの生産調整をめぐる対立は、村の中での参加派と不参加派というかたちだけではない。地域間の対立にも根強いものがある。例えば、都市近郊の水田地帯を抱える関東地方では、コメの業者に直接販売する農家が多いこともあって、生産調整に不参加の農家の割合が高い。減反の目標面積はつねに未達成という状況が続いていた。逆に北海道のように目標を達成し続けてきた地域もある。そんな中で、達成地域から未達成の地域にフリーライダーだとの不満が投げつけられることになる。

†生産調整の「重く暗い」歴史

日本のコメの生産調整は、1969年産米について試行的に行われ、1970年産米から本格的に実施されることになった。本格実施の70年から数えても、すでに40回以上繰り返されてきたわけである。この生産調整の歴史を丹念にトレースした業績に、荒幡克己教授の『米生産調整の経済分析』がある。経済理論をベースに海外の実態や研究をもカバーした大変な力作で、日本のコメの生産調整政策に関する研究書としては決定版と言ってよい価値を持つ。専門性の高い内容をここで紹介するわけにはいかないが、その荒幡教授が冒頭に断り書きを述べている。それは、荒幡教授が精力的に行ってきた道府県、市町村や農協などの調査について、地域や農協を匿名にしたという断り書きである。その理由として、調査にさいして次のような約束を文書で交わしたことが紹介されている。

「米生産調整政策は、他の政策とは異なり、関係者の利害が絡む極めてセンシティブなテーマですので、お聞きした内容の取り扱いは慎重を期したいと思います。お話いただく内容には、優良事例として大いにPRしてほしい、というようなケースは少なく、むしろ悩み苦しむ姿を語っていただくような内容が少なからずあろうかと思います。このため、情報の機密性には十分に注意していく所存です」

荒幡教授自身、コメの生産調整政策には「重く暗い」性格があると述べている。それを端なくも雄弁に物語る約束の文章であると言えよう。もっとも、のっぴきならない亀裂という事態に至ることなく、長年にわたって静かに生産調整が実施されてきた村も少なくない。けれども、そういう村であっても、生産調整政策の履行のために驚くほどの時間とエネルギーが投じられてきたことも事実なのである。

減反面積は国から都道府県、都道府県から市町村、市町村から集落、そして最後には1戸1戸の農家へと割り当てられ、配分されてきた。各段階で配分の業務が行われるわけであるが、とくに集落への配分を担当する役場の職員と、個々の農家への配分を担当する集落の世話役の苦労は並大抵のものではない。コメの需給バランスから毎年のように変わる減反面積を伝えるとともに、難色を示す集落や農家を説得して回るのも役場の職員や集落の取りまとめ役なのである。

配分して終わりというわけではない。生産調整が実際に実施されているかについてチェックを行う必要がある。また、麦や大豆など、稲に代わる作物の作付け計画を把握し、作付けの実態を現地で確認する仕事もある。作物によって補助金の単価が異なることも、作業を複雑にしている要素のひとつである。おまけに、補助金の単価は予算措置によって決められており、3年も経過すれば変更されるのが普通であった。ほんらい地域の農業の創意工夫に向かうべきマンパワーが、生産調整のための煩瑣で、しばしば精神的な負担を伴う作業に投入されてきたと言ってよい。

†減反導入の背景——生産と消費の変化

1970年に本格的にスタートした生産調整の背景には、コメの生産面と消費面の双方に生じた構造的な変化があった。生産面について言うならば、戦後の食糧増産の取り組みが功を奏したことをあげなければならない。農地の開拓と農業水利開発によって、コメの生産量は着実に伸びていった。北海道などでは畑地を水田に変える開田事業が進んだ。コメの作付けを想定した八郎潟干拓によって生まれた大潟村の入植が始まったのは、1967年の秋のことであった。寒さに強い「藤坂5号」などの品種の作出や保温苗代に代表される栽培技術の改良がコメの増産を支えた面も見逃せない。1949年にはコメの増産を奨励する米作日本一の顕彰事業がスタートしている。

国内のコメの生産量は、1950年代から60年代にかけて5年ごとに100万トン増加というテンポで伸び、豊作だった1967年には1400万トンの大台を達成した。それでも1960年代まではコメの輸入が行われていた。とくに冷害による不作の年には一時的に輸入量が増加した。例えば平年作をかなり割り込んだ1965年には、当時の国内消費量の1割に近い100万トン強のコメが輸入されている。

一方、第3章でも紹介したとおり、1人当たりのコメの消費量は1962年をピークに減少局面に入り、ついで1963年を境に国全体の総消費量も減りはじめた。このように生産の増加と消費の減少が続くならば、どこかで不足から過剰への転換点に行き着くはずである。そして、まさにこの転換点が訪れたのが1960年代の後半であった。とくに連続豊作となった1967年・68年に古米の在庫が積み上がり、生産過剰への懸念が急速に高まった。もっとも、その直前までコメの増産運動が盛り上がりを見せていたことも事実である。1965年・66年が連続不作だったからである。かくして、コメの過剰問題は劇的な局面転換のかたちで農政の大問題として浮上する。開田は抑制され、米作日本一のコンクールも1968年を最後にその幕を閉じた。

†食糧管理法の限界――供給過剰のコメ

当時のコメ経済は、戦時中の1942年に施行された食糧管理法のもとで、政府による強い統制下におかれていた。食管制度である。生産されたコメは毎年決められる価格で政府が買い入れ、同じく毎年決定される価格で卸売業者に売り渡される。政府が買い入れる価格を生産者米価、売り渡しの価格を消費者米価と呼んでいた。このように、コメは農家自身の保有米を除いて全量を政府が買い入れる仕組みであったから、過剰問題はそのまま政府在庫の膨張につながった。膨大に積み上がった古米の処理に投じられた国費がいわゆる食管赤字であり、当時は国鉄と健康保険とコメの食管制度の三つの赤字が3K赤字などと揶揄されていた。

1970年に本格化したコメの生産調整は、古米の在庫と食管赤字に困り果てた政府が生産者団体、具体的には全国農協中央会に協力を要請し、農協側の食管制度維持のためには減反協力やむなしとの判断のもとでスタートした。当初は緊急避難という受け止め方もあり、事実、1970年代半ばには生産調整面積がいったん減少する局面もあった。ただ、こうした生産調整の緩和がふたたび食管赤字の急増につながったこともあって、生産調整政策はそのまま恒常化して現在に至っている。

国の政策に農協陣営が協力するかたちで開始されたコメの生産調整であったが、生産調整の実効性を確保するためのメリット措置も講じられた。ただし、メリット措置の付与は独特の方式のもとで行われてきた。すでに紹介したとおり、コメの生産を減らすために各農家まで生産調整の面積が割り当てられる。減反である。メリット措置はこの減反の面積に支給されるかたちをとった。生産調整開始当初は、とにかくコメを作らなければ、その減反部分に10アール当たりいくらのかたちで助成金が支払われた。その後、コメのかわりに麦や大豆などの作付けを促す方向に転換したため、メリット措置は転作奨励金と呼ばれることになった。

転作奨励金は品目ごとに単価が異なり、一カ所にまとまった転作には上乗せ分が支給されるなど、非常に複雑なものとなった。しかも、奨励金の単価や支給要件など、制度の中身が頻繁に変更されることもあって、現場の対応は困難を極めた。この点についてはすでに触れた。同時に指摘しておきたいのは、コメの供給量を抑えるために、コメを作らない水田に対して助成金を支給するという仕組みの特異性である。日本独特の方式であると言ってよい。

農産物の生産調整に取り組んでいるのは日本だけではない。例えば生乳の生産調整はEUやカナダで実施されていたし、EUでは供給過剰に頭を痛めていた穀物についても生産調整の経験がある。けれども、いずれもその品目の生産量もしくは生産面積を割り当てるとともに、割り当てをオーバーした生産物については低い手取額となる制度設計が行われていた。オーバーした分が採算に合わない手取額となるために、生産が抑制される仕組みである。

一種の二段価格による供給調整だと言ってよい。少し角度を変えて見るならば、生産調整が問題となっている品目に関する政策として完結しているわけである。しかるに日本のコメの生産調整は、コメを作付けない水田の転作作物に助成金を支給するかたちで実施されてきた。この方式は生産調整を複雑なものにしたが、結果的に30年以上の年月にわたって続くことになった。ここに変化をもたらしたのは、2002年に決定された生産調整政策の改革であり、2009年の政権交代後の生産調整政策の転換であった。これらの改革・転換についても、のちに詳しく論じることにしたい。

†コメ流通の市場経済化

制度の細部は毎年のように変化しながらも、生産調整は40年以上にわたって継続している。そして、時期によって多少のアップダウンはあるものの、生産調整面積は傾向的に拡大してきた。現在は100万ヘクタール以上の水田が生産調整のもとにある。これは水田全体の4割に相当する。一方、生産調整下の40年は、コメの経済に不可逆的な変化が生じた40年でもあった。ひとことで言うならば、流通規制が次第に後退し、日本のコメは他の商品のビジネスと変わるところのない市場経済のもとに組み込まれていった。

流通規制の緩和は1969年の自主流通米制度の導入に始まる。自主流通米は民間流通のコメではあるが、政府が作成した計画のもとで、流通ルートと流通量が掌握されているコメである。この制度のもとで流通の川上の部分を実質的に担ったのは農協系統であった。価格形成の面でも主導権を握ったのは農協の全国組織である。すなわち、自主流通米の価格は全農（全国農業協同組合連合会）と卸売の交渉によって決定することとされていたが、全農が実質的に売り手独占のポジションにあったため、農協側が交渉の優位性を確保していた。加えて、高いシェアを占めていた政府米の存在は重く、自主流通米の価格も政府米の価格を無視して決定するわけにはいかなかった。

それでも、食管制度に風穴が空いたことの意味は大きい。1969年といえば、パイロット的にコメの生産調整が実施された年でもある。食管制度の破綻を食い止めるため、生産調整に踏み切ると同時に、政府によるコメの全量買い上げのシステムも見直されたわけである。また、卸売段階の価格が交渉で決定されることに伴って、自主流通米については物価統制令による小売価格の統制も解除された。この流れのもとで、1972年には政府米の小売価格も自由化されることになった。

自主流通米制度の創設以降、1980年代までに食管制度に大きな変化は生じていない。1987年に行われた特別栽培米制度の新設が、ほとんど唯一の変化であった。農家が有機栽培米などを自分で販売できることにした制度改革である。そのほかの点では、1990年に自主流通米の価格を入札で決定する自主流通米価格形成機構が設置されるまで、目立った制度上の改革は行われていない。けれども、コメ経済の変容は着実に進行していた。食管制度のもとで、コメの流通量に占める自主流通米の比率は上昇を続け、1988年度には5割を超えた。これに加えて、食管制度の枠外で流通するヤミ米が増加したこともよく知られている。1990年頃には、200万トンを超えるヤミ米が流通していたとも言われている。当時のコメの年間消費量約1000万トンの2割以上に達していた。

†食管法から食糧法へ――変わる制度と変わらぬ制度

コメ経済の制度的な枠組みが根本的に変わるのは、1994年に制定された食糧法によってであった。同法の1995年の施行に伴って、戦中・戦後のコメ経済をコントロールしてきた食管法は廃止された。農業政策の改革の流れが本丸のコメの領域にも及ぶことになったと言ってよい。それ以前にも改革の検討が行われなかったわけではない。第3章で詳しく紹介した「新政策」(1992年)の策定過程では、コメをめぐる制度改革も議論された。ただし、「新政策」では抽象的な表現にとどまり、改革案の具体化は先送りされた。理由は明瞭である。1992年5月の時点では、ウルグアイ・ラウンド決着後のコメ経済の姿を想定することが困難だったからである。

新しい食糧法のもとで、コメの流通に関する政府の管理の対象は大きく限定された。政府米は備蓄用のコメだけとなった。不作への備えである。かくして、政府が管理するコメは、備蓄米とWTO協定に基づいて受け入れるミニマムアクセス米のみとなった。また、コメの流通管理の変化としては、ヤミ米が計画外流通米として認知されたことも重要である。制度が空洞化していた実態が、法的にも追認されたかたちである。そして、食糧法によってもっとも大きな変化が生じたのは、川下の流通の領域であった。コメの小売への参入は実質的に自由になり、卸売に関しても参入に必要な要件は大幅に緩和された。食糧法に移行して以降のコメの卸売業と小売業には新規参入が相次ぐことになり、競争環境は一変した。

コメをめぐる制度は食糧法によって大きく変わった。これはコメの経済的な性格が時代とともに変化したことへの対応という意味で、避けて通れない改革であった。いまや200を超えるコメの品種が市場に出回っている。しかも、毎年のように新品種が登場する。同じ品種であっても、産地によって価格にかなりの開きがあることも周知のとおりである。消費者の食味嗜好の高まりを受けて、全体として産地間の競争が熾烈になっているわけである。農協と農協の競争だけではない。専業農家や法人経営であれば、みずから販路の開拓を行うことが普通の取り組みになっている。食品加工や外食の事業者との取引の場合、食味の要素だけでなく、品質と供給量の安定性や価格設定の面でも、顧客をつかむ工夫が求められる。

川下の流通の世界が大きく変わり、これに呼応するかのように、川上の生産・出荷の段階においても多様な販売のスタイルが模索されるようになった。フードチェーンの川下側がコメの経済をリードする構図が定着したと言ってよい。ところが、コメをめぐる制度には旧態依然とした重い要素が手つかずのままに残されていた。それが生産調整政策にほかならない。実は、コメの生産調整は食糧法によってはじめて法律の条文に書き込まれた。それまでは行政指導と毎年の予算措置のもとで実施されてきたのである。食糧法の条文に明記されるとともに、生産調整が食管制度を守るための取り組みではなく、コメの価格安定化を図るための取り組みであるともされた。さらに、生産調整の実施には行政だけでなく、生産者や生産者団体の主体的な取り組みが重要である点も強調された。生産調整の理念の転換がはかられたと言ってよい。

しかしながら、食管法から食糧法に移って以降も、生産調整の仕組みは変わることなく維持された。国から都道府県、市町村、集落へと生産調整面積が配分され、転作作物に応じて奨励金が支給される方式である。目標面積の達成に向けてしばしば集団主義的な圧力が加わるかたちにも変化はなく、種々の農業補助金の支給にハンデを付すなど、未達成の地区に対するペナルティも残存した。また、生産調整に参加しない農業者が種々の政策の対象から除外される方式も引き継がれた。不参加者の場合、第3章で紹介した農業経営基盤強化促進法にもとづく認定農業者となることは認められず、農林漁業金融公庫の融資についても門前払いであった。

†生産調整政策の見直し

　こんなコメの生産調整に大きな転機が訪れる。転換のお膳立てを行ったのは、2002年1月18日に発足した生産調整に関する研究会（以下、研究会と略記する）であった。農業団体はもちろん、経済界や消費者団体、さらには県の農政部局の幹部など、幅広いメンバーで構成された研究会は、同年11月29日に最終報告書をまとめ上げるまでに、全体会議や部会など、実に合計46回の会合を持つことになった。長時間にわたって激論が交わされたことも少なくない。午後2時にスタートして、夜の10時半に散会というケースすらあった。会議部屋の片隅におにぎりが用意されたこともある。

　いささかディテールに踏み込んだ記述となったが、これは筆者自身が座長として研究会に参加していたことによる。もっとも、会合の回数が多く、長時間にわたったことは褒められた話ではない。ただ、研究会の時点ですでに30年以上続いていたコメの生産調整にはさまざまな問題がいわば固着しており、方向転換の道筋を見出すために大きなエネルギーを要したことも事実である。同時に、水田農業とコメ政策は良くも悪くも日本の農業と農政の根幹であるから、生産調整をめぐる制度の見直しは、農業全体に関わる制度のあり方を左右することにもなる。現に、研究会の最終報告の趣旨を踏まえながら、専業・準専業の稲作農家に対する支援策が具体化された。これは、2007年に本格導入された経営所得安定対策の先駆けとも言いうる制度改革であった。また、同じく研究会の方向づけを受けて、2004年には食糧法が改正され、自主流通米制度は廃止となった。1995年の食糧法の施行でヤミ米が計画外流通米として認知されたことは先に触れたが、改正食糧法のもとでは、計画流通米と計画外流通米の区別も消滅した。コメの流通経路と価格形成は完全に自由化されたわけである。

†新しい生産調整の仕組み

農林水産省は研究会の最終報告の直後に、報告の内容に沿うかたちで「米政策改革大綱」を公表した。2002年の12月のことである。これを受けて、新しいコメ政策は2004年産米からスタートする。大改革ということもあって1年の準備期間をおいたのである。生産調整の仕組みは次のように改められた。

①生産目標数量を配分

第1に、作付けを行わない減反面積を配分するのではなく、コメの生産目標数量を配分することとなった。この時点で、減反とは表現できない生産調整方式に変わったわけである。もうひとつの重要な点は、年々の目標数量の設定にあたって、地域のコメに対する近年の需要の動向を反映するとされたことである。つまり、買う側に高く評価されているコメの産地に多くの目標数量を配分するわけである。産地の努力が素直に反映される方式への転換と言ってもよい。ただし、この考え方がスタートの時点から十分に徹底されたかとなると、いささかの疑問なしとしない。都道府県間の配分では過去の生産調整配分の実績に需要の動向が加味されたものの、市町村への配分の段階では、需要を考慮した配分が行われないケースも存在したからである。

② 参加者へのメリット措置

第2に、コメの価格の下落が生じた際には、生産調整への参加者に対して一定の補塡措置を行う仕組みが導入された。コメを対象に生産調整のメリット措置が設けられたわけである。むろん、生産調整に参加しない場合には、下落した価格に甘んじなければならない。この意味で、生産調整に対する参加・不参加の判断が農業者に委ねられる方式に移行したとみることもできる。研究会の報告や農林水産省の「米政策改革大綱」に明示的に記述されてはいないものの、選択的な生産調整の性格を強めたというわけである。もっとも、選択的な生産調整への転換と言い切るには、いくつかの不徹底な面が残されていたことも事実である。

まず、メリット措置について、一定の規模要件を満たす生産者とそれ以外の小規模生産者に別のメニューが用意されたが、このうち小規模生産者のメリット措置の財源については、都道府県の判断で転作作物の助成金に充当することが可能であるとされた。したがって、規模によっては明確なメリット措置が講じられない地域も存在することになった。全国を等しくカバーする統一的な制度設計とはならなかったわけである。もうひとつ、生産調整不参加者が認定農業者の資格を持つことができず、制度資金の融資を受けられない仕組みも維持された。生産調整に不参加の判断を行った途端に、政府のさまざまな農業支援の対象から除外されるかたちが残されたわけである。真の意味での選択的な生産調整とはならなかったと言うべきであろう。研究会の座長を務めた者として、このあたりに詰めの甘さがあったことは認めなければならない。なお、選択的な生産調整の意味するところについては、のちほど論じることにする。

③ 転作奨励金から産地づくり対策へ

さて、新しい生産調整方式の第3の要素は、水田の稲以外の作物に助成する制度が大きく変わったことである。それまでは、基本的に作物ごとに全国統一の面積当たり単価が設定され、それぞれの作付面積に応じて奨励金が支給されていた。これに対して2004年に始まった新方式のもとでは、予算の範囲内であれば、市町村単位で独自に単価を設定できる制度に改められた。南北に長い日本であり、山間部と平地のあいだにも作物の生育条件の大きな差がある。こうした地域ごとの条件にマッチした作物の振興をはかる制度に変わったわけである。実は、1999年の食料・農業・農村基本法には「地方公共団体は（中略）その地方公共団体の区域の自然的経済的社会的諸条件に応じた施策を策定し、及び実施する責務を有する」と謳われていたのであるが（第8条）、転作奨励金の制度変更はこの条文の理念を具体化した改革であったと言ってよい。制度の名称も産地づくり対策と改められた。

④ 担い手経営安定対策

そして第4の新機軸に、新しい生産調整方式のもとで、地域の農業の担い手に対する政策的な支援が明確に打ち出されたことがある。具体的には、米価がダウンした際の補塡措置について、一定の規模要件を満たす生産者には手厚く講じる制度がスタートした。「担い手経営安定対策」と呼ばれた。今日の農業政策の世界では、一定の規模要件を満たすなど、地域の農業の牽引役となる生産者を担い手と呼ぶことが多いが、この意味での担い手という表現が定着したのも、2004年に実施に移された生産調整改革のプロセスにおいてであった。

なお、担い手経営安定対策は、コメの販売価格に対する補塡措置との限定つきではあったが、一定の要件を満たす農業者への経済的な支援という意味で、2007年に本格導入された経営所得安定対策の先駆けという性格を帯びていた。2004年に設定された都府県で4ヘクタール以上、北海道で10ヘクタール以上という「担い手経営安定対策」の規模要件は、結果的に経営所得安定対策の要件に引き継がれることになった。

†自公政権下の農政転換

コメの生産調整の歴史の上で、2004年がひとつのターニングポイントであったことは間違いない。さまざまな面で新しい要素が導入された。けれども、いくつか指摘したように旧来の方式の要素も残存しており、徹底した改革であったとまでは言いがたい。生産調整のあり方の根本的な転換という点では、さらに2009年の政権交代を待つことになった。もっとも、2009年の政権交代に至るまでも、コメをめぐる政策は波乱の連続であった。

最初の波乱の震源は、2007年7月の参院選で民主党が圧勝したことにある。第3章では、経営所得安定対策が導入早々に強烈な逆風に見舞われたことを述べたが、コメをめぐる政策も逆風に翻弄されることになった。当然のことながら、参院選の大敗ののち、自民党の国会議員には非常に強い危機感が醸成されていた。そこへ来て、2007年産のコメの供給過剰の懸念が表面化した。2004年にスタートした新たな生産調整方式のもとで、徐々に目標面積を超過する稲の作付けが増加していたが、2007年夏に全農がコメの仮渡金を大幅に引き下げる方針をアナウンスしたことも重なって、農業関係者のあいだに米価下落に対する危機感が急速に高まることになった。

仮渡金とは、コメの販売を農協に委託した農家に対して早い時期に支払われる代金のことで、価格が確定した段階で追加的に精算払いが行われる。いわば内金なのであるが、実現した価格が仮渡しの内金の単価よりも低下するならば、農家に対して逆に差額の返還を求める事態となる。そうなれば、さまざまな混乱が生じることは避けられない。したがって、仮渡金引き下げの方針を固めたことは、全農が価格の大幅な下落を見込んでいるからに違いないとの憶測を呼び起こすことになった。結局、このときの仮渡金の大幅な引き下げ方針は撤回されたものの、影響力のあるプレーヤーの言動がコメの市況に対する関係者の思惑を左右する構図が浮き彫りにされた点で、印象的な顚末ではあった。

価格下落への懸念が広がるなかで、秋から冬にかけて自民党主導によるコメ政策の見直しが進んだ。最終的な局面では、会議の場から農林水産省の幹部を退席させるなど、強引な手法も目立った。ともあれ、自民党による見直しのポイントは、第1に米価を維持するため、備蓄制度を利用してコメを買い入れることであった。ほんらい不作への備えであったはずの備蓄制度が、価格維持のために用いられたわけである。そして第2に、市町村行政による生産調整の復活である。実は、2007年はコメの生産目標数量の配分を農業団体が主体的に実施する方式に転換した年でもあった。行政のサポートが前提ではあるが、農業団体が主役となり、行政は脇役という仕組みに変えたわけである。事実上、この転換もご破算となった。さらに未達成地域へのペナルティが示唆されるなど、コメの生産調整政策は一転して先祖返りの様相を呈することになった。

この一連のプロセスが徹頭徹尾自民党の主導で、より正確にはいわゆる農林族議員の主導のもとで進んだことは、民主党に地方の政権基盤を浸食されたことへの危機感がそれだけ強かったことを意味する。けれども、強引な市場介入による米価の維持は、結果的に生産調整不参加の農家に大きな利益を与え、生産調整参加へのインセンティブを削ぐ方向に作用する。それが、かえって生産調整の実効性を確保するための集団主義的な締め付けを呼ぶことにもなる。こうした生産調整の先祖返りは、旧来型の生産調整政策の負の側面、具体的には水田農業の現場の取りまとめ役の心労や地域のコミュニティに生じる亀裂の再来に結びつく。この章でも述べたとおり、これらの副作用の深刻さは歴史的な教訓として学んだはずであった。自民党による生産調整政策の見直しには、事態の冷静な分析と中長期的な展望の裏付けがあったとは思われない。

†コメの価格をめぐる利害のズレ

2007年の秋に講じるべきだったのは、生産調整に参加している水田作農家に対する価格低下の補塡措置に万全を期することであった。2007年に本格導入された経営所得安定対策は、2004年以降の水田の担い手経営安定対策を引き継いだ面を持っていたが、いくつかの弱点や限界を内包していたからである。コメの生産調整との関連で言うならば、担い手の農業者であっても、10%を超えた場合の価格低下に対処できないなど、十分な補塡措置とは言いがたい面があった(その後、20%の価格低下まで対処が可能な制度に改められた)。

生産調整下で事後的にコメ価格の維持をはかるならば、生産調整に不参加の農家に利益を与える結果になると述べた。こういう意味である。生産調整に参加している農家の場合、価格低下に対して十分な補塡が受けられるならば、販売額と補塡支払いによって従前と同水準の農業所得を確保することができる。対照的に不参加の農家は低い価格に甘んじなければならない。それをよしとした上で不参加を選択したはずなのである。ところが、事後的に価格を維持するための対策が講じられるとする。このとき、参加農家の手取りは変わらない。価格がアップした分だけ補塡が減額されるからである。一方、不参加の農家の手取りの金額は米価が上昇したことによって増加する。この意味で、価格維持の対策はもっぱら不参加農家を利することになる。現実にそうした価格維持のオペレーションが講じられるならば、生産調整に参加する誘因は著しく弱まることであろう。

2007年秋から冬にかけての生産調整政策の見直しは、すでに指摘したように徹頭徹尾自民党の主導で行われた。けれども、結果として見直しが農協組織の利益に沿ったものとなったことも見逃せない。つまり、コメの価格を下支えするための対策はコメの販売代金の維持につながり、農協のビジネスのボリュームの確保にも結びつく。同じことはコメを扱う農協以外の流通業界にも言える。これに対して、財政による収益の補塡制度は農家の手取り額を維持する反面、コメの販売金額は圧縮されたままとなる。農協にとってはビジネスの縮小である。つまり、価格支持型の政策と財政負担型の政策の対比を通じて、農業者の経済的な利害と農協組織の経済的な利害が必ずしも重ならない関係が浮き彫りにされているわけである。このような利害のズレの構図も、生産調整の問題を一段と複雑にしている。

なお、2007年に自民党主導で行われた農政見直しのもうひとつの柱は、経営所得安定対策の対象者について、市町村特認の仕組みを導入することであった。面積要件でもって対象者を限定する経営所得安定対策に、民主党から選別政策だ、切り捨て政策だといった批判が投げかけられていたことへの対処であると言ってよい。具体的には、都府県で4ヘクタール、北海道で10ヘクタールの要件を満たしていない農業者にも、経営所得安定対策への道を開くための見直しが行われた。こちらの見直しに関して、筆者に違和感はない。村の中では、次代の地域農業を背負っていくのが誰であるかについて、共通の認識が醸成されていることが多いからである。なお、担い手政策については、現に活動中の担い手を支えるだけでなく、次代の担い手を養成する観点が決定的に重要である。この点も含めて、人づくりの問題が次章の論点のひとつとなる。

†フェアな制度に向けて――選択的な生産調整

さて、生産調整をめぐる波乱の第1幕が自民党による生産調整の見直しであったのに対し、波乱の第2幕のきっかけは2008年暮れの石破農林水産大臣の発言であった。テレビの番組で「減反政策、これでよいのか」との問題意識が表明され、年明けには選択的な生産調整をめぐる議論が急浮上することになった。2009年1月に設置された農政改革閣僚会合においても、生産調整のあり方がひとつの焦点となった。ただし、大臣の問題提起があったにもかかわらず、自民党の農林族議員は生産調整の達成と米価の維持を至上命題とする立場を崩さなかった。その結果、自民党農林族と同じ自民党の石破大臣とのあいだに深い溝を残したままの状態で、2009年夏の総選挙を迎えることになった。ちなみに、総選挙に向けて作成された自民党の『日本の底力——農林漁業対策篇』と題したパンフレットには、「生産調整をしている農家に対し「正直者対策」として」助成金を交付するといった表現が盛り込まれていた。

生産調整問題のキーワードのひとつは公平性である。コメの生産調整に関して、真に公平性が確保された状態とは、参加農家と不参加農家が互いに相手の選択を認め合う状態でなければならない。そうではない状態を放置したまま事後的に経済的な給付や情緒的な称揚を積み重ねても、不公平の解消につながる保証はない。むしろ、やり方次第では、対立感情を増幅することになりかねない。「正直者対策」などという表現は、不参加の生産者に不正直のレッテルを貼る行為に等しい。いま求められているのは、互いに相手の選択を認め合うことができるという意味で、フェアな制度の設計である。憎悪の感情を掻き立てないという意味で、人を大切にする制度であるべきだと言い換えてもよい。

この観点からだけでも、選択的な生産調整は考慮に値するオプションである。選択的な生産調整とは、一定の補塡を前提に生産調整に参加する生産者と、市場価格のみに甘んじる不参加の生産者が、それぞれの自由意志による選択のもとで併存する状態である。自由意志による選択とは、互いに相手の選択を認め合うことを含意している。相互に認め合う関係を成り立たせるためのポイントは、事後的に米価維持のための市場介入を行わないことであり、生産調整不参加者によって生じうる増産分について、参加者の目標数量を減ずる帳尻合わせを行わないことである。

†生産調整のメリット措置

すでに触れたように、2004年の改革では不徹底のままに終わった選択的な生産調整は、民主党への政権交代とともに生き返る。ただし、近年の民主党のマニフェストなどを読む限り、生産調整については具体的な記述に乏しく、あらかじめ周到な制度設計の準備があったようには感じられない。けれども、政権交代後の2010年に導入されたコメの戸別所得補償の方針とその具体化のプロセスをみる限り、新政権のもとでのコメの生産調整政策が実質的に選択的な生産調整に移行したものと解される。

戸別所得補償については、第3章で農業の構造問題の観点から評価したが、生産調整との関わりでその機能を評価するならば、参加者に対するメリット措置としての意味を持つ。

参加者に対するメリット措置としてであれば、面積の大小にかかわらず同じ単価の補填額を支給することには合理的な面がある。

前政権下の生産調整政策では、メリット措置の厚みに違いを設ける措置をとっていた。つまり、生産調整のメリット措置に農業構造政策の要素を重ね合わせた政策だったと言ってよい。これに対して、新政権の戸別所得補償制度は、メリット措置を一律単価の簡明なかたちに改めたわけである。ただし、第3章で指摘したように、担い手の成長をバックアップする農業構造政策としての要素は後退している。

新政権の生産調整政策で重要な点は、稲以外の作物に対する助成金の支給について、コメの生産数量目標の遵守を条件としないとされたことである。麦や大豆、あるいは非主食用のコメに対する助成と、コメの生産調整のためのメリット措置が切り離されたわけである。これは、生産調整の直接の誘因がコメの戸別所得補償のみとなり、その意味においてコメの生産調整がコメの世界で完結することを意味する。言い換えれば、稲以外の作物に対する助成が、その作物に固有の根拠によって措置される政策体系への移行でもある。この章で指摘したように、日本のコメの生産調整は稲以外の作物に助成する特異な方式をとってきた。この点で今回の政策転換は、他の先進国の生産調整のスタイルに近づいたことを意味する。

生産調整をめぐる政策転換は、農業経営の作付けの自由度を拡げるという意味でも、望ましい方向への転換であると言ってよい。これまでは、コメの目標面積を超過して作付けた農家の場合、転作作物に対する助成の道が全面的に閉ざされることになったため、かりに作付け体系としては水田の一部に麦を生産することが合理的であっても、稲作のみの土地利用を選択するほかはなかった。いわばオール・オア・ナッシングの作付け行動に誘導する制度だったわけである。これに対して、政権交代とともに実施に移された新たな生産調整の仕組みは、合理的な作付け行動を阻害しない点で、農業者の経営判断を尊重する政策への転換として評価できる。

†生産調整のソフトランディング

このように、新政権下でいわば風通しのよい生産調整政策への移行が行われたわけであるが、問題がないわけではない。なによりも、根本的な問題として、中長期の展望、つまり生産調整をいつまで継続するかが問われている。そもそも、生産調整の参加者に対して稲作の収入を補塡する仕組みは、供給過剰のコメに対して実質的に市場価格を超える価格を付与しながら、他方で数量目標によって供給を抑制している点で、アクセルとブレーキを同時に作動しているところがある。この意味で、選択的であったとしても、生産調整は根っこのところで無理を抱えた制度であると認識しておくべきなのである。そして、アクセルとブレーキの同時作動という不自然な制度を支えているのが、数千億円のオーダーに達する財政負担にほかならない。このシステムを長期的に継続するのか、それとも生産調整からの脱却を目指すのか。

別の言い方をするならば、選択的な生産調整にはふたつのタイプがあり、どちらの道を歩むかが問われているのである。ひとつは生産調整参加者への手取額の保証水準を固定し、一定の参加者の存在を前提として、市場が一種の均衡状態を維持するタイプである。つまり、固定的な保証価格のもとで生産調整に参加する生産者と市場価格のみを受け取る不参加者の併存状況が続くわけである。継続する選択的な生産調整と呼ぶことができる。

もうひとつは、選択的な生産調整を、生産調整のない状態に移行する過渡的な制度として位置付け、いわばソフトランディングをはかることである。このタイプについては、移行のためのメカニズムとして、生産調整参加者のコメに関する保証水準を徐々に市場価格に近づけていくことが考えられる。

保証の水準が市場の価格に近づいていくとき、参加農家のコメの収益性は悪化する。問題は専業・準専業の農家や法人経営の稲作農業が立ちゆかなくなる事態が生じることである。所得源としてほとんど意味のない小規模な兼業農家の稲作はともかく、将来の日本の農業を支える担い手に対する負の影響を緩和することは、国の食料政策の観点からも必要とされよう。もともと生産調整下のコメ政策には、需給調整の側面と担い手づくりの側面とが含まれていた。それが民主党政権のもとでは、前者に厚く、後者はほとんど消失状態という組み合わせに変化したわけである。ここで言う生産調整のない状態へのランディングとは、需給調整への財源投入を圧縮すると同時に、これとは別に担い手層への支援の復活と強化をはかるプロセスにほかならない。

ふたつのタイプの生産調整政策という整理のもとで、民主党の戸別所得補償制度は参加者の保証水準を固定するタイプ、つまり生産調整を長期的に継続するタイプであるように見受けられる。補塡の単価の算定基準を生産費の統計としているから、生産費に顕著な変化が生じない限り、保証水準の大きな変化を見込むことはできない。この意味で、民主党の現在の政策フレームのもとでは、生産調整を将来にわたって継続することが想定されていると言ってよい。問題は、こうした固定的・継続的な生産調整下においても、必要な財政負担が膨らんでいく可能性が高いことである。かりに供給調整が十分に機能している場合であっても、品目を特定した価格の補塡措置は、買う側と売る側の両面から市場に織り込まれるからである。これが価格の低下による財政負担の膨張を招くことになる。

膨らむ財政負担には、納税者の厳しい目が注がれるに違いない。戸別所得補償は国家財政から捻出される支払いであり、農業政策の世界では価格支持との対比で直接支払いと呼ばれている。こうした直接支払いの特徴のひとつは、価格支持型の政策とは異なって、そこに投じられた財源がどのような農家にどの程度の額として行き渡っているかについて、事後的に検証することが可能な点にある。事後的な検証と厳しい批判の目に耐えられるだけの中長期的な戦略目標がビルトインされているか否か。それほど遠くない将来、コメの生産調整政策の社会的な妥当性があらためて問われる局面が到来するものと思われる。

第5章

日本農業の活路を探る

日本の農業と農政のこれまでの歩みを振り返ってきた。食料自給率に着目した第2章では、施設園芸や畜産などの集約型農業が健闘していることが確認された。対照的に土地利用型農業の衰退には歯止めがかかっていない。とくに高齢化の進んでいる水田農業のゆくえが気がかりである。水田農業は日本農業の根幹をなすだけでなく、モンスーンアジアの農業の基盤でもある。そこで、農業政策を取り上げた第3章と第4章では、水田農業をめぐる政策に焦点を絞ってみた。第3章では、農業の担い手をめぐる政策の変遷をトレースしたが、もっとも深刻な担い手問題が水田農業にあることは言うまでもない。さらに第4章のテーマはコメの生産調整政策であった。40年あまりにわたって講じられてきた生産調整政策は、政権交代によって新たな局面を迎えたが、現時点で長期的なビジョンが打ち出されているわけではない。長期のビジョンどころか、新政権の農政そのものが短期日のうちに大きく揺れている。第1章で確認したとおりである。

この章では近未来の日本の農業を展望してみたい。と言っても、日本が得意な分野だけをクローズアップして、夢物語を述べるつもりはない。少数のずば抜けた成功例を単純に一般化してバラ色の日本農業を描き出すようなこともしない。農業のパワーは、さまざまなタイプとレベルの農業者の知恵と力の総和以外にはあり得ないからである。少数の成功例と同レベルの農業経営でこの国を埋め尽くすことはできない。ただ、成功例に学ぶことは大切である。そこに共通するのは、日本の農業の強みをうまく活かすセンスが光っている点にある。先達の歩みから日本の農業の強みを活かす道筋を学ぶことで、多くの農業経営のパワーアップにつなげることはできる。それが全体としての日本農業のパワーアップにもなる。

弱点を克服するための政策的な工夫も必要である。そのためにも、日本の農業に可能なことと不可能なことを見極める姿勢が大切である。例えば、農産物の国際的な価格競争力についてはどうか。なにがしかの支援のゲタを履くことなしに、日本のコメが国際市場で互角に戦うことはできない。不可能なのである。それでも社会の判断として日本にコメの生産が必要であるとすれば、政策的な支援策を講じることになる。すなわち農業保護政策であり、多くの先進国では自国の農業の競争力の劣位を埋め合わせるため、保護の手段を講じている。これが現実の姿であり、アメリカやEUも例外ではない。

けれども、日本の社会が無条件に国内農業の保護政策を容認するとは考えにくい。農業の実態について理解を深めるにつれて、農業保護に向けられる目にも厳しさが増していく。端的に言って、日本の農業に可能なことが達成されているか否かが問われることになる。現実の姿が到達可能なレベルからほど遠い状態にあるならば、国民は農業の保護政策のために過剰な負担を強いられることになる。それだけではない。そんな保護政策が講じられることで、可能なレベルを達成する努力をスポイルすることにもなりかねない。日本の農業政策は、不可能なレベルを補完するだけでなく、可能なレベルの達成に向かう努力を引き出す装置でなければならない。

この章では、日本の農業の活路を四つの観点から探る。活路を探るとは、日本の農業の強みを確認することであり、日本の農業の限界を見極めることでもある。原点を確認することだと言い換えてもよい。そのうえで、必要な政策や政策の執行過程のあり方にも言及してみたい。農業と農政にいま求められているのは、日本農業の強さと弱さを直視し、10年後の農業と農村のかたちを現実味のあるビジョンとして描き出すことである。こうした近未来のビジョンが見えないことが、そして、ビジョンを欠いたまま逆走・迷走を続ける農政が、農業者と農業界の不安を増幅している。こうした状態を打開するためにも、日本農業の原点を確認する作業が必要だ。

1 モンスーンアジアの風土と農業の規模

†モンスーンアジアの小規模農業

アメリカが198ヘクタール、EUが14ヘクタール、オーストラリアは3024ヘクタール。2007年の農家1戸当たりの平均農地面積である。同じ年、日本の農家1戸当たり農地面積は1・83ヘクタールであった。文字どおり桁違いの規模の差があることがわかる。日本のデータは販売農家の平均値、つまり農地が30アール以上であるか、農産物販売額が50万円以上の農家の平均値であり、そのほかの自給的農家も含めるならば、平均面積はさらに3割ほど小さくなる。もっとも、そんな統計に関する注釈を云々することにほとんど意味はない。それほど大きな違いが横たわっているのである。なお、EUは2011年現在で27カ国にまで拡大した。拡大の過程で農家の規模が比較的小さい東欧諸国が加盟したこともあって、平均規模は縮小している。ちなみに15カ国であった2000年の平均面積は19ヘクタールであった。また、古くからの加盟国の中にも、イタリアやスペインなど、小規模農家の多い国もある。逆に平均規模が大きい国もある。例えばEUの穀物生産を支えている英・独・仏の3カ国に限ると、2007年の農場の平均面積は順に59ヘクタール、56ヘクタール、46ヘクタールであった。

最近はあまりお目にかからなくなったが、日本の農業もアメリカ並みの規模に到達することで生産性が飛躍的に向上し、国際的な競争力も確保できるといった主張が展開されることもあった。これは非現実的である。非現実的であることが浸透して、このたぐいの主張をあまり目にしなくなったのかもしれないが、かりに200ヘクタールの農場を作り出すことができて、したがって、農家の数が100分の1に減るとして、それによって得るものは小さく、失うものがあまりにも大きいというのが筆者の判断である。得るところが小さいとの判断は、第3章の図2に示されているように、規模拡大によるコストダウン効果が10ヘクタール前後で消失することから導かれている。理由は繰り返さない。ひと桁大きな規模に拡大したとしても、生産性の飛躍的な向上は期待できないのである。逆に、失われるものとは農村のコミュニティの価値を意味しているが、この点については次の節で考えることにする。

小規模な農業は日本だけのことではない。モンスーンアジアの農業の規模は概して零細である。歴史的には、収穫が安定的で栄養バランスにも優れたコメの人口扶養力の高さに支えられて、人口稠密な農耕社会が形成された。人間を養うのに大きな面積を必要としなかったのである。零細な農業には、水田とコメに象徴されるモンスーンアジアの風土と歴史が刻み込まれている。地図から広大な農村空間を連想しがちな中国にしても、零細な農業であることに変わりはない。統計的には、農家1戸当たりで日本の3分の1。これは頻繁に中国の農村を訪れた経験を持つ筆者の実感でもある。

農地の集積に向けて

しかしながら、現代の日本は途上国段階の農耕社会ではない。1955年に始まる超のつく高度成長と1974年以降の安定成長によって、半世紀のあいだに1人当たりの実質GDPの規模は8倍に上昇した（第3章参照）。農地の面積がそのまま経営規模の尺度となる土地利用型農業の場合、従前の何倍もの収穫量が実現するといった土地生産性の劇的な変化でもない限り、農地面積の拡大なしに他産業並みの所得を得ることは難しい。残念ながら、収穫量の顕著な増加は生じていないから、面積の拡大が必要なのである。けれども、別の面で戦後の土地利用型農業の技術革新には目を見張るものがある。機械化の進展である。稲作であれば、田植機の発明であり、収穫用のコンバインの普及である。1960年ごろの稲作には10アール当たり年間150時間もの労働が投入されていたが、現在は27時間にすぎない（2008年）。10ヘクタール以上の経営になると、15時間にまで削減されている。労働生産性の面では劇的な変化が生じているのである。言い換えれば、家族で耕作可能な面積が飛躍的にアップした。このような技術革新があったからこそ、少数ながら現に10ヘクタール、20ヘクタールの家族経営が成立しているのである。

第3章で確認したとおり、高齢化の進展とともに貸し出し希望の農地が増加することは間違いない。水田農業の規模拡大には好適な環境が出現していると言ってよい。では、好適な環境を活かすために必要なことはなにか。第1に、職業として水田農業に取り組む農業者への支援の姿勢を明確にすることである。残念ながら、この点で近年の農政は迷走を続けている。すでに何度も述べたから、ここでは繰り返さない。必要なことの第2は、農地制度を利用優位という理念に沿って適確に運用することである。土地利用型農業の規模拡大の一番の難しさは、まとまった農地の確保にあると言ってよい。一般の製造業やサービス業においても、事業を拡大する場合に土地が必要な場合はある。けれども、土地利用型農業に必要な土地は桁違いに広い。しかも、すでに耕作している農地から遠く離れていては使いものにならない。農地制度は、農地がまとまったかたちで担い手に集積されるように機能しなければならない。

†農地制度のどこが問題か

日本の農業の発展にとって、農地の問題がネックだとする指摘は少なくない。代表的なものとしては、所有者がさまざまな思惑から農地を保有し続けるため、意欲のある農家への集積が進まないとの指摘や、一般法人の農業にも農地の所有権を認めるべきだといった指摘がある。前者についてもう少し踏み込むならば、将来の農地転用によるキャピタルゲインを期待して農地を手放さない行動に対する批判がある。また、この批判とも部分的に重なり合うが、平野部にも及んでいる耕作放棄地に有効な手立てが打たれていないとの指摘もある。たしかに２０１０年の時点で、耕作放棄地は埼玉県の面積を上回る40万ヘクタールに達している。

農地制度には問題がある。この点に筆者も同意する。ただし、重要なことは制度のどのレベルに問題があるかである。少なくとも、制度の基本理念のレベルに強いて改めるべき要素はないと判断される。とくに２００９年の改正後、農地法はその目的として「農地を効率的に利用する耕作者」による権利の取得の推進を謳うとともに、農地の所有権や賃借権などの権利保有者が「適正かつ効率的な利用を確保」する責務を負うことを宣言した。農地を荒れたままに放置することは許されず、そうした農地を含めて、効率的に利用することができる耕作者、つまり担い手の農家や法人に農地を集積することが理念として明記されたわけである。なお、戦後の農地改革のなごりであった自作農主義の条文、すなわち「農地はその耕作者みずからが所有することが最も適当である」とする表現も２００９年の改正で姿を消した。

理念はよい。けれども、理念のもとにある法律や制度の枠組みに改善の余地がないわけではない。農地の貸借・売買の領域に限定すると、最大の問題は法制度が複線化した状態が続いていることである。もともとは農地法一本であった農地の権利移転の制度的なルートには、農地法の改正や新たな法律の施行などの経緯を経て、現在では農業経営基盤強化促進法による権利移転、農地法に規定された農用地保有合理化事業によって仲介される権利移転が加わっている。大きく三つのルートからなっているわけである。そして、それぞれのルートの運用は別々の組織に支えられている。もともとの農地法のルートは農業委員会である。委員の大半は選挙で選ばれた農家の代表である。農業経営基盤強化促進法の運用は市町村、同じく農用地保有合理化事業は農地保有合理化法人である。農地保有合理化法人は農地の一時保有機能を持つことで、貸し手(売り手)と借り手(買い手)の仲介を行う機関であるが、都道府県レベルと市町村レベルで設置可能であり、市町村自体や農協も合理化法人となることができる。

やや専門的な話になって恐縮であるが、このほか土地改良法にも農地の権利移転に関わる条文があり、農業委員会と土地改良区が制度を運用することができる。それは、農地をまとまったかたちで耕作できるように、一定の範囲内で権利を再設定する交換分合事業である。土地改良区は水利施設の維持管理や農地・農道の改良を担当する組織であるが、農地をめぐる権利移転に関与することもできる。この点も含めて、非常に複雑な法制度であるから、ほんらいは法律そのものをすっきりした体系に整えることが望ましい。ただし、百年河清を俟つとは言わないまでも、法体系の整序には相当な年月を要するとみなければなるまい。日本の土地利用型農業の再建に残された時間を考えると、改善の優先度はさしあたり法制度の運用面におかれるべきであろう。

複線化した組織の機能をひとつの傘のもとに統合すべきである。ワンフロアー化である。タイプは異なるといっても、どの組織も農地の権利移転に関与しているわけだから、統合によってさまざまなメリットが生じることであろう。異なるタイプの権利移転に関わる情報を集中することで、調整の余地も大きくなるはずである。とくに重要なのは、農地の面的な集約のための調整である。面的にまとまっているか否かで、農地の利用効率には大きな違いが生まれる。個々の権利移転をそのまま積み重ねるだけでは、農地の合理的な利用が約束されるわけではない。こんな認識から、いま触れた農地の交換分合事業も用意されている。けれども、年々の権利移転のプロセスにおいても、権利移転の希望をプールして調整することで、農地の分散化にある程度のブレーキをかける余地はあるはずだ。

組織の機能を統合することで、農地行政を支える人材の合理的な配置にも期待がかかる。さらにもうひとつ、農地制度の運用を待ちの姿勢から、能動的な取り組みの姿勢に転じることが考えられてよい。筆者の見るところ、従来の権利移転に関しては、農家のあいだで事実上合意が成立した案件が制度上の手続に持ち込まれるケースが多数を占めている。これを処理するかたちだから、受け身の業務となるわけである。ここは発想を変える必要がある。合理的な農地の配置を生み出すという観点から、貸しに出る可能性のある農地について、所有者の意向を早期に把握する。そのうえで貸し出し候補の農地のストックを、意欲的な農家や法人に配分する。ワンフロアー化された組織は、そこに申し出ることによって、安心して農地を貸すことができる存在として認知されることになる。そんな機能統合を目指すべきなのである。

†制度運用にチェック機能を

農地制度の運用上の問題点として、第三者によるチェック機能を欠いていることも指摘しておきたい。こんなケースがある。5年間の利用権を設定して農地を耕作していたところ、3年を終えるところで相手の所有者から解約を求められた。借りていた農家はやむなく解約に応じたという。なぜならば、かりに解約に応じないとすれば、そのことが村の中に知れ渡り、返さない借り手だとの悪評で次の借地が難しくなるのではないかと考えたからである。このエピソードは、農村の現場で必ずしも利用優位の理念が徹底されていないことを物語っているが、中途で解約を要求すること自体が理不尽な行為であることは言うまでもない。こうした事態について、農地制度を運用する組織自身が毅然とした姿勢をとる必要があるが、そのためにも第三者機関によって、制度の運用の適否についてチェックが行われるべきである。

ふたつのタイプのチェックがある。ひとつはいま述べたような制度から逸脱した行為について、申し出を受けて裁定・是正を行うことである。貸借に関するトラブルだけではない。筆者は、農地の転用について、法律による土地利用の規制が幾重にも張られていたにもかかわらず、虫食い的な転用が各地で発生した理由のひとつに、脱法的な転用に対する事後的なチェックシステムを欠いていた点があったと考えている。とくに都市近郊の農村部では、住宅や店舗と農地が入り乱れた状態が珍しくなくなった。なかにはパチンコ店への転用といったケースもある。制度の網をかいくぐって既成事実を作った者が勝ちだったのである。

もうひとつのタイプのチェックは、制度の運用実績に関する定期的な評価である。例えば耕作放棄地の解消についての取り組みを評価する。現在の制度のもとで、平地の条件のよい農地が放棄されている場合、当事者に対する指導や勧告にはじまり、知事裁定による利用権設定といった措置をとることもできる。というよりも、農地の権利の保有者が「適正かつ効率的な利用を確保」する責務を負うとした改正農地法の理念のもとで、なんらかの措置をとらなければならないのである。どの程度の措置がとられているかについて、厳正に評価を加える必要がある。

チェックや評価は、むろん、それ自体が目的ではない。理念に沿った農地制度の運用を促すためのチェックであり、評価なのである。理念の浸透を図るわけである。ここで第三者によるチェックとしている点は、とくに農業委員会の委員の大半が農家の代表であることに関係している。農家の代表が農地制度の運用に携わる方式は、農地をまとめる集団化の場面などでは威力を発揮する。地域の農地の状況をいちばんよく知っているのは農家自身だからである。けれども、農業委員会が一面ではいわば農家の仲間内の組織であり、このことが農地制度の運用に歪みをもたらすケースや、不徹底な制度運用につながるケースも存在する。

耕作放棄地の地権者の大半は同じ農家の仲間である。常日頃から顔を合わせる相手に対して制度の理念に沿った厳正な措置をとることには、躊躇の気持ちが出てもおかしくない。それが自然であろう。先ほど紹介した理不尽な解約に関しても、解約を求めているのも農家であるから、是正措置をめぐって遠慮の気持ちが入り込むことも考えなければならない。

農地の転用に関しても、意思決定の早い段階で農業委員会としての判断が求められる。地域全体の合理的な土地利用の実現という公益性の見地からの判断が求められているわけだが、農業委員も農家である以上、いずれは自分自身が転用案件の当事者となる可能性もある。転用によるキャピタルゲインを手にする可能性が頭をかすめるとき、もっぱら公益の見地に立った厳正な判断を下すことができるかどうか。ここには一種の利益相反の構図がある。

農地制度を運用する組織のあり方自体について改革の道筋を追求することが、正道であることは間違いない。けれども、日本の土地利用型農業の危機的な状況は、ここでも正面切っての改革が成就するまでの期間を無為に過ごすことを許さない。だからこそ、さしあたって第三者によるチェックもしくは評価が大切な意味を持つわけである。

†一般法人の農地所有をめぐって

この節を終えるにあたって、一般の法人にも農地の所有権を認めるべきだとの声がある点について、ひとこと触れておきたい。筆者自身は、一般論ではあるが、所有権にもさまざまなタイプがあり、公益性の観点や農業振興の観点から強い制約を受ける条件付きの所有権であれば、一般の法人に取得を認めることもありうると考えている。けれども、現時点ではオールマイティとは言わないまでも、なお所有権の強さは歴然としている。先ほども触れたとおり、この状況に便乗した不適切な農地転用の事例も各地に存在する。

また、実際の農業の規模拡大の状況を見渡すならば、貸借による農地の集積というアプローチが全国的な拡がりをもって定着している。だとすれば、いま必要なのは、貸借による農地利用の問題点を洗い出し、それを除去することである。言い換えれば、効率的に利用する側に配慮した貸借の仕組みに改めるのである。問題は一般の法人だけについてではない。規模拡大をはかろうとする農家からも、利用する側の観点に立った改善は歓迎されるに違いない。例えば、理不尽な中途解約は論外だとしても、短期の契約期間の終了後に返却した農地が荒れ果てているようなケースについて、まさに「農地を効率的に利用する耕作者」の権利取得を促進する見地から是正措置をとる。ここでも第三者によるチェック機能が効果的なはずである。

もうひとつ、短期の貸借契約の場合、農地に対する投資に踏み切ることができない場合がある。短期間で回収できないとの理由から効果的な投資が行われないとすれば、日本の農業全体にとってもマイナスである。ここは、契約期間の終了時に、投資した価値のうち未回収の残存分を借地農業者に補償する仕組みを整備する必要がある。民法に言うところの有益費償還の問題である。ところが農地に関しては、土地改良法に記述がないわけではないものの、現場で使いこなせる仕組みが用意されているわけではない。農地の所有者と利用者のあいだの利害調整の問題であるから、ここでも第三者的な知見と判断が重要な役割を果たすことであろう。

2　新たな共助・共存の仕組み

†農村コミュニティの役割

かりにアメリカ型の200ヘクタール規模の農場制農業に移行できるとしても、そこで失われるものが大きいと述べた。それは農村のコミュニティの価値だとも述べた。もっとも、ひとくちに農村社会と言っても、いくつかの顔を持っている。なによりも農村社会は農業や林業や関連する産業が営まれる空間であり、同時に多くの人々が暮らす生活のための居住空間でもある。多くの人々と述べたが、農村住民の職業は多彩である。平地の農村はもちろんのこと、中山間地域であっても意外に農家の割合は低い。4戸に1戸といったところである。なかには親の代は農業を営んでいたが、いまは農業以外の仕事に専念している元農家の世帯も少なくない。

もうひとつ、日本の農村は外からさまざまなかたちで人々が訪れる空間でもある。盆や正月には村の出身者やその家族が帰省する。一年を通じて旅行客も訪れる。現代の日本の農村では、農家民宿に滞在する機会や、体験型のツアーを楽しむ機会も増えている。これらを合わせてグリーンツーリズムと呼ぶこともある。日本の農村は人々がアクセスし、リフレッシュするための空間でもある。

日本の農村は、と述べたが、農村空間が産業的な利用の空間であり、人々の居住のための空間であり、しかも人々が訪れる空間でもあることは、ヨーロッパの農村にも通じる特徴である。いわば、農村の空間を多目的に有効に利用しているのである。多目的に有効利用と言えば聞こえはよいが、要するに古い時代に始まった国土の開発利用がすみずみまで拡大したため、限られた空間をさまざまな用途に使わざるをえないわけである。節約型の利用形態だと言ってもよい。そんな歴史的な背景のもとで、日本やヨーロッパにはそれぞれ味わいのある農村社会が形成されることになった。日本以外のモンスーンアジアの国々も、早い時期から国土の利用が進んでいた点で、日欧と共通する農村空間の構造を有していると考えられる。

いささか話が拡がりすぎたようだ。以下では、農村コミュニティの生産の領域に話題を絞ることにしよう。なんと言っても、生産の領域が農村のコミュニティ形成の基軸であり、農村空間のありようを深いところで規定しているからである。ところで第4章の最初に、日本の土地利用型農業、とくに水田農業はふたつの層から成り立っていると述べた（図3参照）。ふたつの層のうち農業に固有の要素は基層である。上層が市場経済にしっかり組み込まれているのに対して、基層の機能は、農業水利施設の維持管理活動に典型的なように、コミュニティの共同行動によって支えられている。そして、ここに農村の良さがあり、都会人が学ぶべき点があるとも指摘した。身の回りの環境や施設は自分たちの手で保全し、自分たちのルールのもとで利用する。これが農村の伝統である。近年は、新しい公共の重要性が叫ばれている。たしかに新しい公共も重要であろうが、古くからの公共の要素の中にも次代に引き継いでいくべき優れた要素がある。

もっとも、濃密な共同社会は、ひとつ間違えば個人に対する抑圧のシステムとして機能する。この点については、コメの生産調整が引き金となって顕在化した農村コミュニティの負の側面を指摘した。ここで繰り返すことはしない。民主党政権のもとで生産調整政策の転換がはかられていることも、すでに紹介したとおりである。よい方向に展開することを期待したい。同時に、生産調整をめぐる問題とは別に、コミュニティには内部の構造変化への適応が求められ、また、それなりに適応を遂げてきたことも見逃せない。内部の構造変化とは、農村のコミュニティを構成するメンバーの異質化にほかならない。

†変わる農村コミュニティ

戦後の農地改革によって、都府県ではほぼ1ヘクタールの自作農が生まれた。同じ地域の農家であれば、同じ広さの農地を耕作し、同じ種類の作物を栽培した。例えば関東内陸部では、コメと麦と養蚕が共通の品目であった。また、農耕用の家畜が1戸に1頭という点でも共通していた。東日本であれば馬が、西日本では牛が役畜として働いた。というわけで、戦後のある時期までの農村はメンバーの等質性の高いコミュニティであった。高い等質性のもとであれば、必要とされる共同の取り組みにもとくに困難は生じない。なぜならば、コミュニティへの貢献と、コミュニティからの受益の構造が一様で単純だったからである。かりに30戸の集落であるとすれば、メンバーの高い等質性は、それぞれの農家が30分の1ずつ貢献し、30分の1ずつ利益を享受する関係を意味した。

しかしながら、戦後の経済成長の過程で農家の兼業化が進む一方で、少数ながら農業経営の規模拡大をはかる農家が出現した。野菜や果樹や畜産などの成長部門に活路を見出した農家も少なくない。かくして、農業の規模と品目の幅が拡がった。農業を中止した場合も、多くは地域に住み続けている。つまり元農家である。逆に、退職を機に農業に精を出すことになった定年帰農組もいる。近年は、外部から転居して、農業をはじめるケースも見られるようになった。Iターンである。というわけで、現代の農村のコミュニティは著しくヘテロ化している。等質的なメンバーで構成された農村社会は過去のものとなった。

コミュニティの共同活動との関わりで言うならば、メンバーがヘテロ化した状態とは、貢献と受益の関係が自明のものではなくなった状態と表現することができる。それでも地域社会のさまざまな分野の共同行動は必要であり、さまざまなかたちの助け合いを欠くこともできない。つまり、現代の、そしてこれからの農村には、新たな共助・共存の仕組みが必要とされているのである。この点で筆者は、農村の現場の知恵として、従来とはひと味違う関係が生み出されていることに注目したいと思う。

現在でも多くの農村に共通しているのは、用水路や農道などの維持管理については、メンバーの等しい貢献が求められるスタイルである。このかたちのもとでは、小規模な農家や元農家にしてみれば、貢献の度合いに比べて小さな受益ということになる。逆に、広い面積を耕作する専業農家から見れば、地域の多くのメンバーの貢献によって生産基盤が支えられているわけである。けれども、専業農家は専業農家で、大型機械による作業を請け負うなど、小規模農家を支える機能を果たしている。不整形で作業効率の悪い農地も、集落の農家の依頼であれば多少無理してでも引き受ける。これもよく聞く話である。技術面では、環境保全型農業の取り組みで専業農家や法人経営が一歩も二歩も先を歩んでいることが統計的にも確かめられている。小規模農家にとっては身近にお手本が存在するわけである。同じ農業技術の面でも、園児や児童の体験学習の現場では、ベテランの高齢農家が活躍しているケースが少なくない。

まだまだいろいろな関係がある。生活面も含めれば、共助・共存のネットワークの種類は実に多彩である。そこをごく単純化して表せば、図4のようになろうか。それぞれのメンバーが、それぞれのポジションに応じてコミュニティの活動に参画し、同時にコミュニティの機能に支えられる関係である。以前の等質社会の共助・共存の仕組みよりも複雑になったと言えるかもしれない。加えて、かつての共同行動には、暗黙の合意のもとで、あるいは決まりごととしての強制力によって遂行されていた面が強かったのに対して、貢献と受益のバランスが自明とは言えない新たな共同の仕組みについては、メンバーが納得のうえで参画する傾向が強まることであろう。そうしたなかで、集落のメンバー間の意識的なコミュニケーションの機会が従来にも増して大切になるに違いない。

モンスーンアジアの国々の先頭を切って先進国の仲間入りを果たした日本。長らく先頭を走り続けた日本。そんな日本の農業の半世紀は、経済成長への適応の半世紀であったと言ってよい。うまく適応を遂げた部門もあれば、残念ながら苦戦を強いられた部門もある。けれども、苦戦組の代表であった水田農業にも、新しい姿へと発展する道筋がないわけで

図4 新たな共助・共存の仕組み

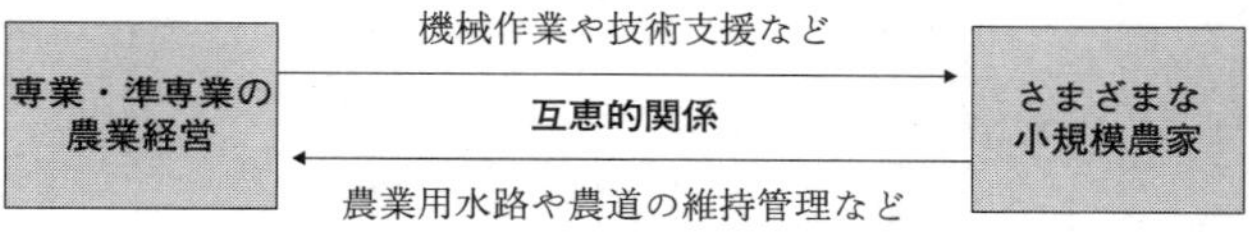

はない。その道筋とは、基層のコミュニティに新たな共助・共存の仕組みが形成されることであり、上の層には専業・準専業の農家や法人経営に牽引される農業生産が定着するかたちである。10年後、20年後の日本の農業・農村のビジョンであるとともに、先駆的な地域ではすでに現実の姿となっているビジョンでもある。

　モンスーンアジアにおいて、どうやら先頭ランナーの役目を終えつつある日本。そんな日本にも胸を張って外の世界に発信できるモデルは少なくないはずである。農業についてもしかりである。今後のモンスーンアジアにおいて、生業的な零細農業は激しく変容を迫られるに違いない。そんな近未来を展望するならば、装いを新たにしつつある日本の二層の農業構造は、アジアの農業・農村のありようにひとつのモデルを提供するに違いない。また、そのような役割を自認することは、日本の農業・農村みずからが好ましいかたちで成熟を遂げていくようすがにもなるであろう。

3　農業経営の厚みを増す

†明日の担い手政策

専業・準専業の農家や法人経営、農政用語で言う担い手が地域の農業を牽引する。水田農業であれば、少なくとも数集落に一組の担い手が活躍している。そんな農業の構造を形成するためには、経営の形態はどうであれ、職業として農業に本気で取り組んでいる農業者を支援することがなにより大切である。担い手政策である。けれども、同時に必要なことは、卵やヒナの段階から担い手を育てあげるための仕組みである。いわば「明日の担い手政策」である。農業者としてのキャリアパスの初期段階において、技術的なトレーニングや生活資金の援助など、それぞれのステージにふさわしい支援策をデザインすることがあってよい。担い手のヒナを受け入れる法人経営や集落営農のバックアップも考えられる。自立直後の農業者に対するサポートとしては、たしかな職業能力と経営計画を前提に経済的な支援策を講じているフランスの例なども参考になる。

持続的な日本農業を再生するためには、切れ目のない参入が不可欠である。専業農家の子供が農業を継ぐとは限らない。親の代は小規模な兼業農業であった世帯から地域の農業を支える人材が輩出することも考えられる。幼いころから作物や動物に接した経験が農業への本格的な取り組みを後押しすることもあるからだ。農業とは縁の薄い非農家からの新規参入が増えることも期待したい。この場合、重要なのは法人型の農業経営がいわば新規参入者のインキュベータ（孵化器）として機能していることである。事実、2007年から09年までの3年間、法人経営などに雇用されて就農した人材は、年平均で7700人強に達している。しかも、その6割以上が30代までの若者である。

筆者の提唱する明日の担い手政策には、地域の農業の牽引車となる意欲を持った人材であれば、政策的な支援がだれに対しても開かれている状態を作り出すという意味もある。つまり、明日の担い手政策と一人前の農業者を支援する本格的な担い手政策が連続したパッケージとして用意されることで、担い手政策はすべての人々が手を挙げることのできるサポートの仕組みとなるわけである。

野党時代の集票戦略のもとで、民主党は経営所得安定対策を基軸とする前政権下の担い手政策に対して、切り捨てだ、選別だといった批判を集中した。これに対して、自民党主導の見直しの結果、市町村特認のかたちで経営所得安定対策の要件について弾力的な運用がはかられたことは、すでに触れたとおりである。また、この見直しについて違和感はないとも述べた。けれども、本当の意味で多くの人々がチャレンジできる政策支援であるためには、非農家の出身者をも対象に、明日の担い手政策から本格的な担い手政策に至る支援のルートを確立することが大切なのである。

†生産物の付加価値を高める

以上の構想は、しかし、農業に若者や働き盛りの人材を引きつける力があることが大前提となる。関心を寄せる人がいなければ、明日の担い手政策も威力を発揮することはできない。ここでも問題は土地利用型農業、なかでも高齢化の著しい水田農業である。もちろん、施設園芸や果樹や畜産のような分野にも経営の巧拙はあり、それが人材の吸引力に違いをもたらしていることも事実である。この点はのちほど触れることとし、しばらくは水田農業を中心とする土地利用型農業に焦点を絞ることにしたい。

人材を引きつけるために大切な点を筆者なりに表現するならば、経営の厚みを増すことである。もちろん、土地利用型農業であるから、職業としての農業経営にある程度の面積は必要である。水田農業の家族経営であれば、10ヘクタール、20ヘクタールといった規模が標準的で当たり前の存在となることに、農業政策のターゲットを置くことも推奨したい。

しかしながら他方で、普通のコメや麦や大豆を生産し、そのまま農協に出荷して完結する農業経営のパターンから脱却することも重要である。

農業経営の厚みを増す戦略のひとつは、土地利用型農業の生産物自体の付加価値を高めることである。例えば、環境に配慮した減肥料・減農薬の生産物を提供する。有機農業も付加価値をアップする取り組みとして有効であろう。このかたちで厚みを増す場合のポイントのひとつは、的確な情報発信を伴っていることである。とくに環境保全型農業の取り組みは、生産工程のレベルを高めることを意味するが、環境保全の取り組みが最終生産物の品質に目に見えるかたちで反映されるわけではない。少なくとも、消費者がみずからの消費体験のみによって環境保全型農業の農産物を識別することはまず不可能である。生産工程の品質の高さは、供給する側から意識的に伝えられる必要がある。

情報発信の手段はそれこそ千差万別である。表示による伝達もあれば、インターネットを利用する発信もある。あるいは、例えば生協の産直は産地との交流をひとつの条件にしているが、交流の場におけるコミュニケーションによって生産プロセスの工夫を伝えることもできる。このような多彩な情報発信の取り組みは、それ自体として若い人材を引きつける要素であり、かつ、若者が得意とするジャンルの仕事でもある。生産プロセスの健全性と述べたが、この要素は環境保全の領域にとどまるものではない。今後は、農場で働く人々の安全と健康に十分配慮している農業であることも、消費者の選択を左右する製品特性のひとつになるのではないか。

土地利用型と集約型を組み合わせる

経営の厚みを増す第2の戦略は、土地利用型農業と集約型農業を組み合わせることである。ある程度の規模の稲作であっても、田植えと稲刈りの超繁忙期を除くと、作業の負荷はそれほど重いわけではない。繁閑の差が大きいのが土地利用型農業の特徴なのである。そこに果樹生産や施設園芸を取り込む複合化の余地が生まれる。きのこの施設栽培というケースもある。どんな品目をどの程度の規模で組み合わせるかは地域によって一概に言えないが、この意味で経営の厚みを増している実践例は数多く存在する。土地利用型農業と畜産の組み合わせもある。数こそ少なくなったが、酪農生産と水田農業の複合経営も、水田酪農の名前でよく知られている。

食品産業に広がるビジネスチャンス

そして経営の厚みを増す第3の戦略が、農業の川下に位置する食品産業の分野に多角化することである。食品産業は加工・流通・外食の三つのジャンルからなっている。水田農業であれば、餅や味噌や団子などがオーソドックスな加工品であり、このほか郷土色豊かな製品を自前の売店で販売する法人経営も少なくない。流通・外食と言っても、大仰な取り組みである必要はない。例えばインターネットによる顧客の注文に応える直売方式も流通業の一翼を担っているわけであり、農村女性が生き生きと活躍する農家レストランは外食産業の一形態なのである。川下の食品産業への多角化を取りあげたが、観光や体験・交流などのビジネスを取り込むこともあってよい。農業の川下ではなく、いわば農業と併行して流れている産業分野への挑戦である。

食品産業への多角化は、加工・流通・外食で形成される付加価値を農業経営に引き寄せる戦略を意味する。この国の1年間の飲食費支出は、2005年の時点で74兆円に達している。同年のGDPが502兆円だったから、その7分の1が飲食費に投じられているわけである。また、2005年の農業・水産業と食品産業（加工・流通・外食）の就業者の数は1087万人であった。同じ年の総就業者数は6151万人であったから、雇用機会としても6分の1を占めている。日本の食は巨大な産業群に支えられているのである。

ここで注目したいのは飲食費支出の中身である。74兆円のうち生鮮品への支出は18％に過ぎない。これに対して加工品への支出は53％を占め、残る29％の支出が外食に向かっている。外食の機会が増加し、調理済み食品を含む加工品の利用頻度が高まった現代の食生

表9 最終消費された飲食費の帰属割合

（単位：%）

	1970年	1980年	1990年	2000年
全体	100.0	100.0	100.0	100.0
農業水産業	35.0	29.4	24.7	19.1
食品製造業	30.6	28.5	29.3	32.4
食品流通業	25.2	25.7	27.5	29.6
外食産業	9.3	16.4	18.5	18.9

資料：『農業白書附属統計表（平成10年度）』と時子山ひろみ・荏開津典生『フードシステムの経済学：第４版』による。原データは内閣府ほか「産業連関表」から農林水産省で試算したもの。

活の特徴は、２割に満たない生鮮品への支出割合に端的に現れている。さらに、消費者の巨額の支出が産業間でどのように配分されているかを推計した結果が表９である。２０００年の時点で農業と水産業に帰属した価値は19％に過ぎないのである。加工と流通の部門がほぼ３割を分けあい、外食産業が２割を受け取っている。表９には１９７０年以降の推計結果が示されているが、農業・水産業の低下と外食産業の上昇が進行したことがよくわかる。

このようなデータを前に、流通業が取り過ぎだとの声があがりそうである。とくに量販店のバイイングパワーの強さを指摘する関係者は多い。けれども逆に、付加価値の形成という意味で、農業の川下には豊富なビジネスチャンスが横たわっていると考えることもできる。農業経営の加工や外食への多角化は、まさにチャンスを収益につなげる取り組みにほかならない。いまや、川下の領域から価値を引き寄せる工夫は、農業経営の巧拙を左右する重要な要素になった。農業経営だからと言って、みずからのビジネスを産業分類上の農業の領域に限定する必要はまったくない。

†価格形成に関与する

ここで第2章の冒頭に紹介した群馬県の澤浦彰治さん、千葉県の木内博一さん、そして長野県の嶋崎秀樹さんにもう一度登場していただこう。付加価値を農業側に巧みに引き寄せている点で、3人の優れた経営者の取り組みは共通している。澤浦さんの経営発展の出発点はコンニャクをみずから加工し、販売するところにあった。また、木内さんのグループの場合には、冷凍野菜工場とカット野菜工場がその後の多角的な経営発展の基盤となった。コンニャクと野菜は、いずれもどちらかと言えば集約的な農業である。これをさらに加工することで、川下から付加価値を引き寄せているわけである。

嶋崎さんのグループ(トップリバー)の強みは、契約栽培で生産した野菜を加工業者やスーパーやレストランに直接販売している点にある。顧客と交わす契約のかなめはむろん価格であり、その意味で嶋崎さんはみずから価格決定に関与できる農業経営を作り出したわけである。実は、澤浦さんも野菜生産の経営グループ(野菜くらぶ)のリーダーであるが、生協や外食企業への直接販売に取り組んできた点で、嶋崎さんの足跡とも共通する面を持つ。値決めに参画する農業経営者なのである。木内さんのグループ（和郷園）も、安売りとは一線を画したブランド戦略を武器に、バイヤーとの契約にもとづく栽培が定着している。あらかじめ価格について取り決めを行う契約栽培のもとで、売る側と買う側は価格変動のリスクをシェアするわけであり、長い目で見て双方に利益がもたらされることになる。

少し考えてみればわかることだが、付加価値の取り込みという点で農産物の加工にはふたつの意味がある。むろん、ひとつは加工によって付加価値が生まれることである。そして、もうひとつは、加工され、パックされ、種々の情報が添えられて提供される農産物は、農業経営者みずからが値札を付ける商品に変身していることである。その意味では、流通の領域にも進出しているわけである。顧客の購買行動をよくつかんで価格の提案を行うならば、さらに追加的な付加価値を引き寄せることができる。つまり、加工の取り組みには、契約栽培による付加価値の確保とも共通するメリットがあると言ってよい。キーワードは価格形成への能動的な関与である。

†農協問題――原点は農業者への貢献

3人の優れた経営者は、グループを率いている点で農業経営の組織者でもある。農業経営の組織者として、さまざまな努力の積み重ねで川下から経済価値を引き寄せてきた点で、その姿勢と実績は真に敬服に値する。同時に、3人の実践は農協の販売事業に対する鋭い問題提起にもなっている。なぜならば、農協の事業に対する組合員の要望でとくに強いのが「販売力の強化」だからである。2008年に農林水産省が行った意識調査によれば（複数回答）、「販売力の強化」は77％の回答率で、2位の「手数料の低減」の28％や3位の「消費者ニーズの把握と生産現場への情報提供」の28％を大きく引き離している。この調査結果は、経済価値が表9のように分配されている実態について、農協陣営の改善に向けた取り組みが弱いことを物語っている。

農協は議論百出のテーマである。信用事業や共済事業の兼営を問題視する議論があり、一人一票制に対する疑問も投げかけられている。あるいは、独占禁止法の適用除外となっている点を批判する向きもある。本書でこれらの論点に踏み込むことはしないが、組合員である農業者に対する貢献が農協事業の原点であるとの見地から、制度面で改善を急ぐべき点をひとつだけ指摘しておきたい。

日本の農協の基本型は総合農協と呼ばれるタイプである。総合農協の総合とは、農産物の販売、生産資材の購買、信用（金融）、共済（保険）、営農指導といった事業を兼営することを指す。また、ひとつの地域にひとつの農協が存在する点も日本の総合農協の著しい特徴である。これは個々の農業者にとって、加入する農協を選ぶことができない状況を意味する。問題は、その農業者の地域に存在する農協のサービスのレベルが低い場合である。ひとくちに農協と言っても、事業のレベルには大きな開きがある。ここで取りあげている販売事業についても、組合員の農産物の販路を国内のみならず、国外でも開拓している積極果敢な農協があるかと思えば、なんらの工夫を講じることもなく、ただ市場に出荷して終わりという農協も存在する。このように農協間にパフォーマンスの大きな開きがあるなかで、農業者は農協を選ぶことができない。

澤浦さん、木内さん、嶋崎さんは、ほんらい農協が担うべき役割を果たしているとみることもできる。制度上は農業協同組合ではないが、農協陣営の有力なライバルであることは間違いない。誤解のないように付け加えておくが、3人のグループはけっして農協と対立関係にあるわけではない。販売戦略の担い手として、地域の農業者に代替的なサービスを提供しているわけである。おそらくは、今後も同様の取り組みを行う組織が増加することであろう。

同時に、農協という形態のライバルが参入することもあってよい。制度上も農協の新設は可能だとされている。それによって、既存の農協の事業の活性化を期待することもできである。ところが、この点については事実上の参入障壁が存在する。と言うのは、農協の新設にさいしては、都道府県レベルの農協組織とのあいだで協議を行うこととされているからである。

農協をめぐってさまざまな議論があることは、すでに触れたとおりである。ひとつひとつ真剣に議論する必要がある。ただし、簡単に結論が出るとは考えにくい。だとすれば、まずは農業者への貢献という観点に立った制度改革を先行させることがあってよい。日本の農業にいま求められていることは、経済的にも十分に成り立ち、若者や働き盛りの人材を引きつけることのできる持続可能な農業の再建である。さしあたり、この観点からの制度改革にプライオリティを置くべきことを強調しておく。日本の農業の再建に残された時間はわずかだからである。

4　アジアに生きる日本の農業

†食のグローバル化

２０１０年５月、中国の温家宝首相の来日を機に、食の安全をめぐる二国間協力の枠組みを定めた「日中食品安全推進イニシアティブ」が合意された。合意の柱は、輸出品について相手国の衛生法規を遵守すること、同意をもとに相手国の関係施設に立ち入り調査ができること、問題発生時の速やかな公表と早期解決に向けた協議・調査の実施などで、年１回の閣僚級会合の開催も決まった。とくに日中双方が対等な立場で取り組むとされた点が重要である。食品は中国から日本に輸出されているだけではない。すぐあとで紹介するように、日本から中国への流れも徐々に増大している。

食品の安全確保に向けた合意の背景には、いまも私たちの記憶に残る中国製冷凍ギョーザの事件があった。２００８年の１月に殺虫剤の意図的な混入というショッキングな事件が明るみに出て以降、良好な日中関係の持続にとって、食の安全問題の前進が欠かせない条件となっていたからである。２０１０年３月に問題の天洋食品の元従業員が逮捕され、事件の解明に進展がみられたことで、「日中食品安全推進イニシアティブ」の合意に至ったというわけである。

食品の安全問題に関する国際協力は、むろん日中間だけの課題ではない。食料・食品が国境を越えて大量に行き交う今日、食の安全をめぐる協力関係は文字どおりグローバルなネットワークとして形成されなければならない。また、国際的な枠組みの整備も少しずつではあるが、着実に進んでいる。これまでのところ音頭を取っているのは、コーデックス委員会の名称で知られるＦＡＯとＷＨＯ（世界保健機関）の合同食品規格委員会である。ＷＴＯも食の安全問題に深く関係している。国によって食の安全問題への取り組みに差があるとき、それが貿易の阻害要因になりうるからである。国際的に仕組みの調整をはかるために、ＷＴＯはＳＰＳ協定（衛生と植物防疫措置の適用に関する協定）を定めている。

低い食料自給率は、日本の人々がそれだけ海外の食料に依存していることを意味する。現に、世界のあらゆる地域から食料が輸入されている実態がある。食のグローバル化の進展である。けれども、食料と農業の問題を見通しよく把握し、新たな活路を見出していくためには、日本対世界という単純な図式ではなく、日本とアジアないしは東アジア、そしてその周りの世界という三層の構図を念頭においておくことが大切である。

†アジアに向かう日本の農産物

表10は近年の農林水産物の輸出額の推移を示しており、表11は直近の2010年について農産物の輸出先を表している。最近やや足踏み状態の年もあるものの、加工品を含む農産物の輸出は増加のトレンドのもとにある。もっとも、同じ時期の農産物の輸入額は4兆円を超えているから、2400億円の輸出額はその1割にも満たない。しかしながら、農産物の輸出には明るい未来につながる要素が含まれている。それは、表11に示されているとおり、農林水産物の輸出先の7割がアジアである点にほかならない。農産物の輸入元が農業大国でもある先進国を中心に構成されているのとは対照的である。輸入額は年によって多少の変動はあるものの、ほぼ3分の1を占めるアメリカが先頭で、EU・豪州・カナダといった先進国陣営が続く。

アジア、とくに東アジアはいまや世界の成長の牽引役となった。だから、日本の農産物の輸出にも期待がかかるというわけである。なぜならば、経済成長に伴う所得水準の上昇は、品質の高い食品に対する需要の増加につながるからである。ここにも日本の農業の活路があると言ってよい。もともと東アジアには食文化の共通項が多い。コメが主要なカロリー源であり、麺類を好むところも共通している。発酵食品を使いこなしている点も、東

表10 近年の農林水産物輸出額の推移

（単位：億円）

	農産物	林産物	水産物	計
2000年	1,363	79	909	2,351
2001年	1,466	70	978	2,514
2002年	1,646	80	1,033	2,759
2003年	1,588	90	1,111	2,789
2004年	1,658	88	1,207	2,954
2005年	1,772	92	1,448	3,310
2006年	1,946	90	1,703	3,739
2007年	2,220	104	2,013	4,337
2008年	2,437	118	1,757	4,312
2009年	2,217	93	1,533	3,843
2010年	2,417	106	1,773	4,297

資料：財務省「貿易統計」

表11 農林水産物の輸出先（2010年）

香港	25%
米国	14%
台湾	12%
中国	11%
韓国	9%
タイ	4%
ベトナム	3%
シンガポール	3%
ロシア	1%
その他	17%

資料：財務省「貿易統計」

アジアの食文化の特徴と言えよう。こうした共通項があって、そこに持続的な経済成長が重なるとき、東アジアでは得意とする食品が相互に行き来する食のネットワーク形成にリアリティが出てくる。そして、品質の高い農産物の生産に優位性を持つ日本の農業は、ネットワークの重要なパートとなることであろう。

†アジアに照準をあわせた農業戦略

もうひとつ見逃せない点がある。それは、順調な経済の成長が続くとき、アジアの国々が途上国段階で保持していた農業の競争力が次第に失われていくことである。この点でこれまでの典型的なケースが、日本の戦後の経済成長と農業の競争力の低下であった。いくぶん複雑な気持ちになるところではあるが、同様の現象がアジア全体に拡がるとすれば、日本の農業の相対的なポジションは改善される。例えば、現在の中国農業の競争力の源泉が労賃の低さにあることは間違いない。しかるに、経済成長は賃金水準の上昇をもたらすことによって、労働多投型産業である農業の競争力を削ぐことにもなる。先ほども触れたが(150ページ)、中国国内の耕作可能な土地は意外に限定されており、農家1戸当たりの農地面積は日本の3分の1に過ぎないのである。

日本農業の明るい未来につながると述べたが、先駆的な農家や地域ではアジアに照準を合わせた取り組みが活発に行われている。比較的早くから話題となっている品目には、青森県が輸出の9割以上を占めるりんごがあり、産地ブランドの確立に成功した帯広かわにし農協の長いもがある。また、メラミンの混入した粉乳による健康被害がきっかけとなって、2008年以降、日本から中国への粉乳や牛乳の輸出が急増している。一方、伝統食品のベースとも言える味噌や醤油の輸出も堅調である。日本食の世界的な拡がりを反映してであろう、輸出先はアジアだけではない。同様に緑茶の輸出も伸びている。アメリカ向けが過半を占めている。

政府も農林水産物の輸出に力を入れている。2005年3月に策定された第2回の食料・農業・農村基本計画では「輸出促進に向けた総合的な取組の推進」を強調するとともに、基本計画に添付された工程表には2009年までの5年間で農林水産物の輸出額を倍増する目標が掲げられた。政権交代後も輸出促進の方針に変化はない。2010年の第3回の食料・農業・農村基本計画には、2020年までに農林水産物の輸出を1兆円水準にすると記述されている。さらに2010年6月に閣議決定された「新成長戦略」では、2017年までに1兆円の輸出を達成するとした。目標年を前倒ししたかたちである。

成長著しいアジア向けを中心に、農産物や加工品の輸出を増やすことは日本農業の活性化につながる。政府の支援を歓迎したい。ただし、政府の果たすべき役割は、輸出を支える環境の整備や情報の提供といった側面支援の領域にある。なかでも食品の安全確保のための検疫制度について相手国と調整を行うことは、輸出の環境整備の重要なポイントである。また、相手国の食品表示の制度やその運用について、信頼できる情報をタイムリーに提供することも側面支援として欠かせない。けれども、実際に相手国の市場にチャレンジする取り組みは、あくまでも民間のパワーでもって進められなければならない。市場開拓の場面では、政府が主役となることはないと心得ておくべきである。

†現代の食料の二面性

本書では、食料が人間の生命と健康の維持に不可欠な絶対的な必需品であることを強調してきた。国としての食料政策を構想する際に、この観点をゆるがせにはできない。けれども同時に、現代社会の食料は高度に選択的な商品でもある。スーパーの店頭には実に多くの食品のアイテムが勢揃いし、多彩な調理済み食品が並ぶデパートの地下も連日繁盛している。スーパーもデパ地下も熾烈な競争の舞台なのである。消費者にそっぽを向かれた途端に、その食品はマーケットからの退場を余儀なくされる。これが今日の食品のもうひとつの性質なのである。絶対的な必需品としての性質とともに高度に選択的な商品としての性質が同居している点に、現代の食料の特質があると言ってよい。

消費者の選択があって商品が提供される。通常の経済行為であれば、これが当たり前の約束ごとである。消費者主権の発想であり、食の流れに即して言うならば、川下からの視点を大切にする姿勢である。ところが日本の農業と農政にあっては、戦後かなりの長期にわたって、これとは逆のパラダイムが根強く残存した。逆のパラダイムとは、川上から食の問題を把握する姿勢であり、はじめに生産ありきの発想である。その象徴が食管制度にほかならない。食糧難の戦時下に制定された法律が、かたちを変え、中身を骨抜きにされながらも、1995年まで存在していたのである。

消費者を知り、マーケットの動きを十分に把握する。これが現代の農業生産と農産物流通に携わる人材に求められている基本姿勢である。こうした基本姿勢は農産物の輸出についても貫かれなければならない。政府は側面支援に徹すべしと述べたゆえんである。消費者をつかみ、市場の声に耳を傾けることは、ビジネスとしての農業の面白さにもつながるはずである。そのことが若者や働き盛りの人材を農業に引きつけることにもなる。それが、いざというときに頼りになる人材の確保としての意味を持つ。不測の事態への備えは、平時における自由闊達なビジネスの営みを通じて形成されるのである。もう一度繰り返す。絶対的な必需品であり、高度に選択的な商品でもある点に現代の食料の特質がある。

第6章
混迷の農政を超えて

†国際化対応の基本方針

日本の農業は正念場を迎えている。質の高い国産食料の安定供給が危ぶまれ、伝統文化を包み込んだ農村社会の存続にも注意信号が点滅している。そんな中で農業の活路を切り拓くとすれば、なによりも農業者の頑張りに負うところが大である。これまでもそうであった。けれども、農業の内部において昭和一桁世代のリタイヤが急速に進み、農業を取り巻く環境にも国際化の大波が押し寄せている。ここに至って、農業者のパワーに加えて、消費者であり、納税者である国民の判断と行動が日本の農業のゆくえを大きく左右する状況も生まれている。

慌てる必要はない。高齢化の問題も国際化の問題も急に浮上したわけではない。そのために打つべき方策にも、奇手・妙手があるわけではない。冷静で現実的な吟味を重ねたうえで、最善の手だてを講じる以外に道はない。こんな平凡な問題意識のもとで、本書では強さと弱さの両面を描き出すことで、日本の農業のありのままの姿を読者にお伝えしたつもりである。では、日本農業の現実から出発して、正念場をよいかたちで乗り越えることは可能であろうか。とくに国際化の大波への効果的な対処は可能であろうか。

この点でも日本の農業に特効薬があるわけではない。変わる国際環境に対する農業の適応力のレベルを規定するのは、第1に農業自体の競争力のレベルであり、第2に変化する国際環境の影響を緩和するための農業政策の組み立てである。本書では、このうち農業そのものの競争力の向上策については、第3章や第5章を中心に、規模と厚みを増す方向で農業経営の将来像を提示するとともに、担い手政策や明日の担い手政策など、農政の基本的な課題を指摘した。一方、生じうる国際環境の変化、端的に言うならば関税による保護措置の引き下げや撤廃への対処については、基本的には国内の農産物の価格競争力の足らざる部分を補う政策を講じることが考えられる。関税による保護政策から、政府の直接支払いによって農業を支える政策に転換するわけである。

言うまでもなく、このような直接支払いの採否は国民の選択の問題である。関税の撤廃を容認するとともに、直接支払いは行わない選択肢も存在するからである。その品目について、国内農業の継続を断念するわけである。いずれにせよ、選択にあたっては、消費者の利害得失の観点と納税者の利害得失の観点の両面について慎重な考量が必要となる。それほど単純でないことはのちに触れるが、関税の引き下げや撤廃によって消費者は利益を得る立場にあると考えられ（価格支持による消費者負担型農政からの脱却）、財政による直接支払いの負担者は納税者としての国民である（直接支払いによる財政負担型農政への転換）。筆者自身は、本書で縷々述べてきたように、食料の安全保障の見地からしても、少なくとも現状程度の農業生産の維持は必要であると考えているが、この点について日本の社会としての判断が問われているわけである。

†EUの農政改革

ところで、価格支持による消費者負担型農政から直接支払いによる財政負担型農政への転換という点で、先陣を切ったのはEUである。EUの前身であるECでは、1992年に合意された改革プログラムのもとで、価格支持から直接支払いへと農政の手段を大きく切り替えたからである。改革前のECでは、穀物や牛肉などの域内の基幹的な農産物について、価格を支持する政策が定着していた。具体的には、品目ごとにあらかじめ目標とする価格を定めておき、実際の市場価格が目標価格を割り込む状況になった場合に、政府系機関が買入れを行うことで価格を支えるシステムである。

どの程度の量を買入れることになるか。この点は目標価格の水準による。結果的には、毎年のように大量の穀物や牛肉が買われることになった。乳製品についても、酪農部門に生産調整が導入される1984年以前は、過剰生産が頭痛の種であった。バター・マウンテンなどと皮肉られていたのである。これは、当時のECの農産物の目標価格が、市場で需要と供給がバランスする価格水準よりも高めに設定されていたことを意味する。また、ごく例外的なケースを除くと、ECの価格支持の目標水準は国際価格を上回っていた。この場合、国境を越えて自由に海外の農産物が流入するとすれば、ECは膨大な輸入農産物を買い支えることになる。そんな事態が生じないように、国外からの農産物は基本的にシャットアウトされていた。目標価格よりも高い水準に境界価格を設定し、境界価格と国際価格の差額を課徴金として徴収することにしていたのである。関税と同様の効果を持つ制度であり、高い課徴金を払ってECの市場で農産物を販売することはビジネスとして成立しなかった。

1992年の改革は、このようなECの農政の枠組みを根本から変えるものであった。ごく単純化するならば、目標価格を思い切って引き下げるとともに、それによって失われる農場の所得を直接支払いによって補塡する政策へと転換した。このような改革が迫られた背景のひとつは、過剰農産物の処理に伴う財政負担の増大であった。高い価格で買い入れられた過剰農産物は、国際価格で海外に販売された。域内の価格と国際価格の差額はECが負担していたわけであり、実質的には輸出補助金であった。そして、改革のもうひとつの背景は、この輸出補助金による事実上のダンピング輸出が、アメリカとのあいだに深刻な貿易摩擦を引き起こしていたことであった。アメリカはアメリカで、ECの農産物と競合する市場への農産物輸出には補助金を供与する対抗措置をとった。保護政策の衝突であり、この対立こそが難航を極めたウルグアイ・ラウンド農業交渉の基本的な背景事情であった。

†透明性の高い直接支払い型農政

EUの農政改革は日本の農政のあり方にも示唆を与えてくれる。なかには、EUの直接支払いをモデルとして、日本も同様の政策の導入と拡充を急ぐべきだとの主張もある。けれども筆者のみるところ、EUの政策をそのまま移入することが賢明だとは思われない。なによりも、EUと日本のあいだに厳然として存在する農業の構造の違いを考慮する必要がある。EUの穀物生産や畜産が専業・準専業の農場に支えられているのに対して、日本の農業とくに水田農業は、北海道などを除くと、小規模な兼業農家や中山間地域の高齢農家のシェアが優越している状態にある。

第4章でも触れたように、直接支払いによる農業支援は、それがどんな農家にどれほど支払われているかについて検証できる点で、透明性の高い政策である。消費者負担型の農政、つまり価格を維持することで農業所得を支えるタイプの政策は、日頃の食料の価格水準に慣れ親しんでいる消費者にとって、日々の暮らしのなかで特別の負担感を覚えるものではないかもしれない。あまり意識することなく、負担しているわけである。これに対して財政負担型農政は、そのための予算総額が広く国民に知られるだけでなく、使われ方をチェックすることもできる。このような制度としての透明性は、直接支払い型農政の利点であると言ってよい。言い換えれば、それだけに納税者としての国民の厳しい視線に耐えられる制度設計が求められるのである。

直接支払いに必要な財政支出は、はたして多くの国民に受け入れられるであろうか。ポイントがふたつある。ひとつは、農産物価格の引き下げが消費者としての国民に利益をもたらす点について理解を増進することである。ただし、加工や流通や外食の複雑なプロセスを経由して消費者に届けられる食品については、農家段階の農産物価格の引き下げが必ずしも最終製品価格の引き下げに結びつかない場合もある。この点には留意が必要である。また、政策変更に伴う利益を消費者が実感できたとしても、それが財政負担型の政策への理解に直結するわけではあるまい。

そこで、国民に受け入れられるための第2のポイントである。それは、国境措置の組み替えに伴う財政負担が単なる補塡にとどまることなく、農業の実力のアップにつながることである。この章のはじめに、変わる国際環境に対する農業の適応力のレベルを規定するのは、第1に農業自体の競争力であり、第2に変化する国際環境の影響を緩和する政策だと述べた。概念上ふたつを区分したわけであるが、日本の農業、とくに水田農業を念頭におくならば、影響を緩和する政策は、同時に農業の実力のアップにも貢献するように設計されるべきである。

農業の実力がアップするならば、補塡すべき内外の生産性の格差も圧縮される。そのような政策をデザインすることで、中長期的には納税者の負担の軽減にも結びつくわけである。はたして、そんな手法が存在するのであろうか。ここは知恵の出しどころである。実は、第4章で披瀝した生産調整政策のソフトランディング戦略は、国内のコメの保証価格を引き下げながら農業の牽引役への支援の厚みを増していく点で、厳しい財政事情のもとで、いわば二兎を追うことのできる政策だと考えられる。生産性格差を補塡しながら、同時に生産性格差そのものの圧縮をはかるわけである。

†農産物貿易の自由化——日本の市場に何が起きるか

直接支払いは「言うは易く行うは難し」の政策である。そもそも、どの程度の負担が必要となるかについても、簡単に答えが出るわけではない。つまり、かりに関税による国境措置が取り払われたとして、日本国内の農産物市場がどのような状態に移行するかについて、蓋然性の高い見通しを立てることが困難なのである。いくつかの着眼点を指摘しておきたい。

ひとつは、輸出陣営の供給余力にもよるが、貿易論のいわゆる小国の仮定が成り立たない可能性、つまり日本の農産物の市場開放によって、その品目の国際価格が上昇する可能性が考えられる。2010年の秋に急浮上したTPP交渉参加をめぐる議論に際して、農林水産省が国境措置を廃止した場合の農業生産のダメージを4兆1000億円と試算しているが、試算の前提として、日本の市場開放が国際価格に影響しないことが想定されている。つまり、日本というプレーヤーは国際市場に影響が及ばない小国だというわけである。この仮定の妥当性については、品目ごとに慎重に見極める必要がある。

もうひとつ、同じ品目として分類される農産物であっても、品質面での差異化が著しいケースがある。例えば、同じサクランボでも、アメリカンチェリーと佐藤錦とでは消費者の評価はずいぶん違うはずである。小売価格にもはっきり差が認められる。また、同じカテゴリーの農産物であっても、国産品と輸入品で用途の棲み分けが明瞭なケースもある。例えば小麦の場合、第2章で紹介したように、少なくともこれまでのところ、国産麦の用途と輸入麦の用途はあまり重なっていない。このように、製品の差別化が進んでいる場合や用途の棲み分けが進んでいる場合、市場で優劣を決するのは単純な価格競争だけではない。いま紹介した農林水産省の試算は、差別化による日本の農産物の優位性については考慮している。

かりに国境措置の引き下げや撤廃によって国内市場と国際市場がダイレクトにつながるとすれば、それは振幅が拡大している食料の国際市場の影響が直接に国内に及ぶ状況を意味する。これは日本社会がほとんど経験したことのない状況であると言ってよい。振れの大きな食料価格の影響下で、直接支払いはどのように設計すればよいであろうか。国際的な食料価格の振幅がそのまま国内に持ち込まれるならば、農業者が難しい対応を迫られるだけでなく、消費者にとっても歓迎できる事態ではない。政策の選択に際しては、こうした新しい状況への対処方針も重要な着眼点となるはずである。

†EUの経験に学ぶ――戦略的な制度設計と改革の深化

もうひとつの着眼点として、どれほどの時間軸で国境措置の組み替えを見通すかという点がある。将来のどの時点の市場開放であるかによって、対処に必要な施策の規模にも違いが生じるはずである。相手国と品目によって一律に論じることはできないが、とくにアジアの国々を念頭におくとき、相手側の経済成長が農業の相対的な競争力や為替レートに変化をもたらすことに留意する必要がある。裏返せば、対アジアに限ったことではないが、10年後、20年後の日本の経済力のポジションをめぐる洞察力も問われているのである。

論点は以上に尽きるものではない。直接支払いはまさに「言うは易く行うは難し」なのである。ほんらい、国際化の基本戦略について国民的な判断を下すとすれば、こうした点を含めて綿密なリサーチの積み重ねがあるべきである。また、そのもとでさまざまな観点からなる評価軸に基づいて、考えられる代替案のなかから最善の方向を選び取るという手順があってしかるべきなのである。残念ながら、2010年秋に急浮上したTPP交渉参加をめぐる提案に関して、政府や政権党があらかじめ十分な詰めを行った形跡はない。関係府省のあいだで徹底的に議論を重ねた様子もない。

本書を結ぶにあたって、EUの経験をもう一度振り返っておきたい。EUの農政の手法から示唆される点は少なくない。筆者自身、多くのことがらを学んできた。けれども、当然のことながら、日本の政策は日本自身が考えなければならない。問題は農政をデザインする際の基本的な姿勢にある。そして、この基本的な姿勢という点で、EUの農政改革には深く学ぶべき教訓が含まれている。

ウルグアイ・ラウンドが実質合意に達したのは1993年のことであった。つまり、ECが農政の大胆な改革を決定した1992年は、ウルグアイ・ラウンド実質合意の前年だったのである。こう述べてもよい。難航していたウルグアイ・ラウンドの着地点を作り出すことを狙ったのが、ECの農政改革にほかならない。交渉妥結後の1994年にウルグアイ・ラウンド対策費を決定した日本とは対照的である。しかも、6兆100億円の対策費が農業の強化に有効に使われたとは言いがたい。戦略的で能動的な制度設計、これがEUの姿勢から学ぶべき第1の教訓である。

第2の教訓は、農政改革がその後も深化してきた点にある。1992年の改革に続いて、1999年にはアジェンダ2000の呼称で知られる改革が実施された。価格のさらなる引き下げが導入され、同時にWTO農業協定に抵触しないかたちで直接支払いの拡充が行われた。2003年にはアジェンダ2000の中間見直しも行われた。最近では2008年にも改革の路線を確かなものとする点検作業が合意され、実施に移された。ヘルスチェックの名称で知られている。こうした一連のプロセスから読み取ることができるのは、改革の持続に向けた強靭な意志にほかならない。対照的なのが日本の農政である。1999年に農政の羅針盤として食料・農業・農村基本法が制定され、遅まきながら農政改革に着手したにもかかわらず、2007年夏の参院選で民主党が圧勝したのちの農政は逆走・迷走状態に陥っている。

学ぶべき第3の要素は、合意形成に向けた並々ならぬ意欲であり、その意欲を実現に結びつける知恵の深さである。1992年改革の時点でECの加盟国は12に達していた。国によって農業の実情には大きな違いがあり、農業保護に対する姿勢にもずいぶん差があった。したがって改革をめぐる論議も困難を極めたが、最後には合意に向けた意志の強さが打ち勝った。その後も加盟国に政権の交代があり、東欧からの新規の加盟があるなど、合意形成の環境は困難の度を増している。それでも、改革の深化に向けた合意が勝ち取られてきたのである。農政の改革は利害が複雑に錯綜する問題である。けれども、ひとつの国である日本の合意形成の環境は、ＥＵに比べて難度が高いとは思われない。政策立案に関わるすべての関係者に心していただきたい点である。

あとがき

「農業再建」と題した書籍を上梓した。3年半ほど前のことである。サブタイトルを「真価問われる日本の農政」とした。私のほうから、こんな感じでどうかと提案し、書肆も受け入れてくれた書名である。「農業再建」としたのは、それだけ日本の農業、なかでも水田農業の将来に暗雲が漂っていたからである。同時に、問題点は少なくないものの、農政に対する期待の気持ちも込めたつもりであった。

再建が必要なのは、まずは農政。これが現在の偽らざる心境である。本書の中では、目下の農政を逆走・迷走状態にあるとも表現した。けれども、だからと言って、語気を強めてひたすら農政批判を繰り広げるという気分にはなれない。近年に始まったことではないが、農業や農政をめぐる議論には白か黒かの二項対立図式の言説が多すぎるように思う。高飛車な物言いは、農業と農村の良きスピリッツの対極にあるとも思う。

ふたつのことを心掛けたつもりである。ひとつは、少し長い時間軸で農政の歩みを振り返ってみることである。取りあげる農政のジャンルは人づくりの政策と生産調整政策とした。もうひとつは、日本の農業の強さと弱さを直視することである。日本の農業に可能なことと不可能なことを見極めると言い換えてもよい。農業の実態に対する偏りのない認識こそが、揺らぐことのない農政のベースとなる。農業の真の姿を多くの人々に理解していただくことは、国民と共に歩む農政の前提条件でもある。

そんなわけで、本書のタイトルを「日本農業の真実」とした。今回は筑摩書房の永田士郎さんからの提案で、私も即座に同意した。本書の執筆を勧めてくださったのも永田さんであり、うまく段取りをセットしていただいたおかげで、気持ちよく仕事を進めることができた。ここに記してお礼を申し上げる。

私事ではあるが、学部長の任期の終盤を迎えた時期に、しかも数ヵ月後に勤務先が変わる状況のなかで、執筆作業を進めることになった。この点で、研究室の秘書の藤村育代さんのサポートは本当にありがたかった。図表の作成などの面で手伝っていただいただけでなく、次から次へと舞い込んでくる雑務を実に手際よくさばいていただいたことで、なんとか本書を仕上げることができた。心からの謝意を表したい。

2011年3月

生源寺眞一

参考文献

荒幡克己『米生産調整の経済分析』農林統計出版、２０１０年
石田信隆『解読・ＷＴＯ農業交渉』農林統計協会、２０１０年
木内博一『最強の農家のつくり方』ＰＨＰ研究所、２０１０年
岸康彦『食と農の戦後史』日本経済新聞社、１９９６年
佐伯尚美『米政策改革Ⅰ・Ⅱ』農林統計協会、２００５年
佐伯尚美『米政策の終焉』農林統計出版、２００９年
澤浦彰治『小さく始めて農業で利益を出し続ける７つのルール』ダイヤモンド社、２０１０年
嶋崎秀樹『儲かる農業』竹書房、２００９年
生源寺眞一『現代農業政策の経済分析』東京大学出版会、１９９８年
生源寺眞一『新しい米政策と農業・農村ビジョン』家の光協会、２００３年
生源寺眞一『現代日本の農政改革』東京大学出版会、２００６年
生源寺眞一『農業再建――真価問われる日本の農政』岩波書店、２００８年
生源寺眞一『農業がわかると、社会のしくみが見えてくる』家の光協会、２０１０年

生源寺眞一『農業と農政の視野――論理の力と歴史の重み』農林統計出版、2010年
田代洋一『政権交代と農業政策――民主党農政』筑波書房、2010年
時子山ひろみ・荏開津典生『フードシステムの経済学(第4版)』医歯薬出版株式会社、2008年
中田哲也『フード・マイレージ』日本評論社、2007年
農林中金総合研究所編著『変貌する世界の穀物市場』家の光協会、2009年
本間正義『現代日本農業の政策過程』慶應義塾大学出版会、2010年
山浦康明編著『減反裁判記録集――とりもどそう! 日本の田んぼを! 自由な農業を』減反裁判事務局、2002年
『米政策の改革と水田農業経営の発展に向けて――米政策改革大綱及び生産調整に関する研究会報告』全国農業会議所、2003年

ちくま新書
902

日本農業《にほんのうぎょう》の真実《しんじつ》

二〇一一年五月一〇日　第一刷発行

著者　生源寺眞一（しょうげんじ・しんいち）

発行者　菊池明郎

発行所　株式会社 筑摩書房
東京都台東区蔵前二-五-三　郵便番号一一一-八七五五
振替〇〇一六〇-八-四一二三

装幀者　間村俊一

印刷・製本　株式会社 精興社

乱丁・落丁本の場合は、左記宛にご送付下さい。
送料小社負担でお取り替えいたします。
ご注文・お問い合わせも左記へお願いいたします。
〒三三一-八五〇七　さいたま市北区櫛引町二-六〇四
筑摩書房サービスセンター
電話〇四八-六五一-〇〇五三

ISBN978-4-480-06608-4 C0261

ちくま新書

618 百姓から見た戦国大名 黒田基樹
生存のために武器を持つ百姓。領内の安定に配慮する大名。乱世に生きた武将と庶民のパワーバランスとは――。戦国時代の権力構造と社会システムをとらえなおす。

570 人間は脳で食べている 伏木亨
「おいしい」ってどういうこと？ 生理学的欲求、脳内物質の状態から、文化的環境や「情報」の効果まで、さまざまな要因を考察し、「おいしさ」の正体に迫る。

741 自民党政治の終わり 野中尚人
長きにわたって戦後日本の政権党であり続けた自民党。しかしこの巨大政党は今、機能不全を起こしている。その来歴と行く末を、歴史の視点などを交え鋭く迫る。

793 害虫の誕生 ――虫からみた日本史 瀬戸口明久
ゴキブリ、ハエ、シラミ、江戸時代には害虫でなかったのはどれ？ 忌み嫌われる害虫の歴史に焦点をあて、環境史の観点から自然と人間の関係性をいま問いなおす。

800 コミュニティを問いなおす ――つながり・都市・日本社会の未来 広井良典
高度成長を支えた古い共同体が崩れ、個人の社会的孤立が深刻化する日本。人々の「つながり」をいかに築き直すかが最大の課題だ。幸福な生の基盤を根っこから問う。

851 競争の作法 ――いかに働き、投資するか 齊藤誠
なぜ経済成長が幸福に結びつかないのか？ 標準的な経済学の考え方にもとづき、確かな手触りのある幸福を築く道筋を考える。まったく新しい「市場主義宣言」の書。

853 地域再生の罠 ――なぜ市民と地方は豊かになれないのか？ 久繁哲之介
活性化は間違いだらけだ！ 多くは専門家らが独善的に行う施策にすぎず、そのために衰退は深まっている。このカラクリを暴き、市民のための地域再生を示す。